나의 두 번째 교과서
×
궤도의 다시 만난 과학

일러두기

저자 특유의 친근하고 유쾌한 표현을 그대로 담아내기 위해 입말을 살려 적었음을
알려드립니다.

나의 두 번째 교과서

×

궤도의
다시 만난
과학

EBS 제작팀 기획
궤도·송영조 지음

page2

차례

Part 1

모든 과학의 기초
: 물리

Part 2

세상을 이루는 숨은 퍼즐
: 화학

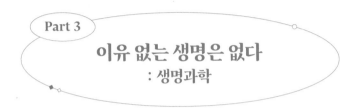

Part 3

이유 없는 생명은 없다
: 생명과학

모두가 알았으면 좋겠다.

과학이 얼마나 재미있었는지.

안녕하세요? 여러분께 과학을 선물하는 '과학 산타' 궤도입니다. 저는 과학의 즐거움을 많은 분들과 나누는 일을 하고 있습니다. 최근에는 태어나서 가장 바쁜 시기를 보내고 있는데요, 그만큼 과학에 관심을 갖는 분들이 많아졌다는 의미겠지요? 정말 감사하고, 또 즐겁습니다.

여러분은 과학을 좋아하시나요? 예전에는 이 질문에 선뜻 "네! 좋아요!"라고 대답하는 분들이 많지 않았습니다. 하지만 요즘 들어 과학을 좋아한다고 답해주시는 분들이 많아져서 정말 기쁘고 보람찹니다. 오늘은 질문을 조금 바꿔보겠습니다.

"여러분은 어릴 적 과학을 얼마나 좋아하셨나요?"

흔히 인생에서 공룡에 대해 가장 많이 아는 시기가 다섯 살 때와 내 아이가 다섯 살일 때라고들 합니다. 어린 시절에는 세상에 대한 호기심과 열정이 가득하죠. 초등학교 때는 과학 시간을 손꼽아 기다리기도 했을 거예요. 화석 모형을 만들거나 부레옥잠의 세포를 현미경으로 관찰하는 등의 실험은 정말 신기하고 재미있었지요.

하지만 중·고등학교라는 '데스밸리'를 지나면서부터 조금씩, 과학이 어린 시절에 알던 것과는 다르게 느껴지기 시작합니다. 복잡한 공식과 암기해야 할 내용들, 그리고 시험 성적에 대한 압박 때문에 과학이 문화가 아니라 오직 학문의 영역으로만 다가오기 시작하죠. 마치 영화가 시험 과목이 된다면 지금처럼 영화를 즐길 수 없는 것처럼요.

저는 안타까웠습니다. 우리가 만났던 과학은 언제나 흥미로운 주제였지만, 시험과 성적표에 매달리다 보니 과학의 진짜 매력을 충분히 즐기지 못하는 것 같았죠. 시간이 흘러 다시 한번 함께 떠들어보고 싶었습니다. 그때 배웠던 과학이 얼마나 놀랍고 신비로운 이야기들로 가득했는지를요.

우리는 언제나 과학과 함께 살고 있습니다. 예를 들어볼까요. 옷을 걸어 놓을 때 철사 옷걸이를 구부려서 바지 걸이를 만들기도 합니다. 사무실에서 무선 충전기를 사용하고, 가족들이 모두 탈모라며 유전을 걱정하고 탈모약을 복용하기도 하죠. 또 매년 더워지는 여름을 느끼며 지구온난화를 걱정하기도 합니다. 사실 이 모든 게 완전 과학이거든요. 세상은 과학으로 가득 차 있습니다.

"나무나 플라스틱은 잘 부러지는데 금속은 왜 부러지지 않고 휘어질까요? 배터리가 어떻게 무선으로 충전되는 걸까요? 탈모는 어떻게 유전되는 걸까요? 지구온난화는 왜 일어나는 걸까요?"

경이로운 호기심으로 가득한 여기가 바로! 과학의 진짜 재미가 시작되는 지점입니다. 우리의 교과서는 이러한 재미를 가득 담고 있었죠. 학교 다닐 때는 시험과 성적에 치여서 과학의 참맛을 느끼지 못했을 뿐입니다. 공식과 용어를 암기하느라 바빴던 그 시절에는 어쩔 수 없었을 겁니다.

저는 이번에 여러분과 함께 생애 **두 번째 교과서**를 펼쳐보고자 합니다. 교과서를 읽는다는 것은 단순히 옛날 지식을 복습하는 것이 아닙니다. 성인이 된 지금의 시선으로 세상을 이해하고, 그때는 보이지 않았던 깊이와 재미를 발견하는 과정입니다. 어린 시절의 순수한 호기심을 되찾고, 과학을 통해 새로운 시각을 얻는 시간이기도 하지요. 시험도 없고, 숙제도 없습니다! 마음 편히 이 신비로운 과학의 세계를 제로(0)부터 다시 탐험해 보는 거죠.

물리, 화학, 생명과학, 지구과학. 이른바 '물화생지'로 불리던 그 과목들, 기억나시나요? 이 4개 파트를 12가지의 재미있는 과학 이야기로 들려드릴 거예요. 단순히 지식을 전달하는 것이 아니라 여러분의 일상과 연결하여 더 깊은 이해와 재미를 느낄 수 있도록 노력했습니다. 다 끝나고 나면 과학이 과거와는 다른 느낌으로 다가올 겁니다.

이 책을 읽고 여러분이 과학과 조금 더 가까워지면 좋겠습니다.

그런 점에서 책을 읽는 동안 저를 선생님이라기보다는 '과학을 좋아하던 같은 반 친구' 정도의 느낌으로 봐주시길 바랍니다. 이제부터 함께 웃고, 놀라고, 감탄하며 과학의 세계를 마음껏 여행해 보는 거예요! 아, 그리고 미리 말씀드리지만, 제가 말을 짧게 못합니다. 하지만 그만큼 재미있을 거예요.

그럼 첫 번째 이야기부터 풀어볼까요? 자타공인 과학의 근본이죠. '물리'와 관련된 이야기입니다. 준비되셨나요? 저와 함께 여러분의 두 번째 교과서를 함께 넘겨봅시다!

Part 1

모든
과학의 기초

물리

과학이 어렵다고 하면 가장 먼저 떠오르는 과목이 바로 '물리'일 것입니다. 제 주변에도 물리 때문에 과학을 포기하려 했던 친구들이 몇 있었어요. 그런데 물리가 정확히 무엇일까요? 쉽게 말해, 세상을 구성하는 모든 것들이 어떻게 움직이고 작동하는지, 그 원리와 법칙을 탐구하는 학문입니다. 자연 현상의 가장 기본적인 원리와 법칙을 설명하고 화학, 생명과학, 지구과학 등 다른 모든 과학 분야의 기반이 되는 학문입니다. 예를 들어 화학 반응의 원리는 물리학의 개념 없이 이해하기 어렵습니다. 생명 현상의 에너지 흐름이나 지구의 기상 현상도 마찬가지입니다. 즉, 물리를 이해하면 다른 과학 분야도 더욱 깊이 있게 접근할 수 있다는 뜻입니다.

사실 우리는 초등학교 때부터 이미 물리를 배우고 있었습니다. 물체의 무게를 재고, 소리를 듣고, 자석을 가지고 놀면서 말입니다. 하지만 고등학교에서 본격적으로 만나게 된 '물리'는 더 이상 그런 가까운 존재가 아니었습니다. 복잡한 공식과 어려운 개념들이 우리를 혼란스럽게 만들었지요. 왜 물리가 그렇게 어렵게 느껴졌을까요?

수학계의 노벨상이라 불리는 필즈상을 받은 허준이 교수님께서 한 프로그램에서 인상적인 말씀을 하셨습니다. 진행자가 "수학적 난제를 간단하게 설명해 주실 수 있습니까?"라고 묻자, 허 교수님은 "간단하게 설명할 수 있는 건 없습니다."라고 딱 잘라 답하셨죠. 물리도 마찬가지입니다. 이 복잡한 세상의 원리와 우주의 작동 방식을 이해하는 것이 바로 물리이기 때문에, 처음부터 쉽지 않을 수 있습니다. 하지만 그렇다고 포기할 필요는 없습니다. 어릴 때는 이해하지 못했던 것들도 아마 지금은 더 쉽게 이해할 수 있을 겁니다. 우리의 경험과 지식이 늘어났으니까요.

저와 함께라면 복잡한 수식에 얽매이지 않고 물리의 재미있는 원리와 논리를 즐길 수 있습니다. 물리는 우리 일상에서 일어나는 수많은 현상의 배경이거든요. 하늘이 왜 파란지, 무지개는 어떻게 생기는지 궁금하지 않으셨나요? 이런 일상적인 질문들 뒤에 물리학의 원리가 숨어 있고, 그 원리를 이해하면 세상이 새롭게 보이기 시작합니다. 이제 복잡한 공식은 잠시 접어두고, 우리 주변의 현상을 이해하는 열쇠로서의 물리를 만나보시죠.

01

뉴턴의 운동 법칙,
300년 동안 뉴턴을 배우는 이유

사과는 왜 나무에서 떨어질까요? 행성은 왜 태양 주위를 돌고 있을까요? 자동차와 고속버스에는 안전벨트가 있지만, KTX에는 왜 안전벨트가 없을까요? 우리 주변에서 일어나는 이런 모든 움직임 뒤에는 어떤 원리가 숨어 있을까요?

이 질문의 답은 17세기에 세상을 놀라게 한 한 젊은 과학자의 발견 속에 담겨 있습니다. 그 주인공은 바로 아이작 뉴턴Isaac Newton입니다. 영국에서 태어난 뉴턴은 과거의 과학자들이 남겨놓은 지식에 자신의 연구 성과를 더해서 세 가지 법칙을 만들었습니다. 지금까지 물체의 운동을 관찰해 봤더니, 모두 세 가지 공통적인 법칙을 따른다는 사실을 알게 된 것이죠. 그리고 『프린키피아Principia』라는, 서양 과학사의 바이블 같은 책에 그 내용을 담았습니다. 『프린키피아』의 출판은 사실상 물리학의 시작을 알리는 신호탄이 되었지요. 이 책은 물리학 이론에서 수학적 증명이 필수가 되면서 과학의 진일보를 이끌었다는 평가를 받습니다. 뉴턴의 세 가지 운동 법칙은 일상 속 수많은 현상을 설명해 주며, 단순한 과학 이론을 넘어 삶과 세상을 이해하는 데 핵심적인 역할을 해왔습니다. 지금까지도 물리학의 근간이 되며, 현대 과학과 기술의 발전에 지대한 영향을 끼치고 있지요.

뉴턴은 남에게 주목받는 걸 싫어하는 내성적 성격이었다고 합니다. 이 책을 쓴 것도 핼리 혜성으로 유명한 과학자 에드먼드 핼리*Edmond Halley*가 부탁을 해서 쓴 것이라고 해요. 책 맨 앞에 핼리가 뉴턴에게 바치는 헌시가 있는데, 그 글의 마지막 문장은 이렇습니다.

"신성한 힘으로 마음을 가득 채운 자. 어느 누가 뉴턴보다 더 가까이 신에게 다가갔으랴."

2005년, 영국 왕립학회는 회원들을 대상으로 흥미로운 설문 조사를 진행했습니다. "아이작 뉴턴과 알베르트 아인슈타인*Albert Einstein* 중에서 과학사에 더 큰 영향을 끼치고, 인류에게 더 큰 공로를 한 사람이 누구인가?" 하는 질문이었죠. 두 항목 모두 뉴턴이 우세하다는 결과가 나왔어요. 뉴턴의 고전역학은 아인슈타인에 의해 그 한계가 드러나기도 했지만, 세상을 바꿔 놓은 그의 업적에 더 많은 사람이 손을 들어주었습니다. 뉴턴은 도대체 어떻게 이 단순한 세 가지 법칙 안에 우주의 원리를 녹여낼 수 있었을까요?

일상 속
과학의 쓸모

아는 사람 눈에만 보이는 세계

물리에서 가장 기본이 되는 것, 가장 먼저 배워야 하는 것이 있다면 무엇일까요? 교과서를 기준으로 보면 뉴턴의 운동 법칙, 다시 말해 '뉴턴역학'입니다. 역학은 물체의 운동을 연구하는 분야입니다. 물리학에서는 물체의 운동을 이해하는 것이 아주 중요합니다. 사과가 나무에서 떨어지면 어떻게 되는지, 달이 지구 주위를 어떻게 도는지, 새가 하늘을 어떻게 날아가는지 등, 물체의 운동을 이해하는 일이 자연 현상을 설명하고 예측하는 데 매우 중요하기 때문이지요. 물체의 운동을 설명하는 가장 기본적인 과학 이론을 만든 사람이 아이작 뉴턴입니다.

뉴턴은 고전물리학의 아버지라 불립니다. 고전물리학은 상대성이론과 양자역학 이전의 물리학, 즉 현대물리학 이전의 물리학을 말합니다. 한물간 과학이 아니냐고요? 그렇지 않습니다. 현실에서도 여전히 쓸모가 있습니다. 고전물리학이 있어서 현대물리학도 있는 것이니까요. 클래스가 다른 클래식이라고나 할까요.

물리학의 기본인 뉴턴역학을 배우기 전에 가벼운 이야기로 몸 좀 풀어보겠습니다.

"인생은 속도가 아니라 방향이다."

다들 아시는 유명한 문구일 텐데요, 독일의 문호인 괴테가 한 말이라고 알려져 있습니다. 무언가를 빠르게 이뤄내는 것보다 맞는 길로 가는 게 중요하다는 의미로 자주 쓰이는 문장이지요. 그런데 제게는 약간 당황스러운 말로 다가옵니다. 왜냐면 '속도*Velocity*'와 '속력*Speed*'을 혼동한 표현이기 때문입니다. 일상에선 둘 다 빠르기를 나타내는 단어로 비슷하게 쓰이지만, 과학에서는 전혀 다른 개념입니다.

운동하는 물체를 한번 떠올려볼까요? 가만히 있지 않으면 위치는 시간에 따라 계속 달라집니다. 이때 물체가 움직인 경로를 따라 측정한 거리를 '이동거리'라고 합니다. 말 그대로 이동한 거리를 가리킵니다. 그런데 혹시 '변위'라는 단어를 들어본 적 있나요? '변한 위치'라는 뜻으로 처음 위치에서 나중 위치까지의 변화를 말합니다. 같아 보이지만 같은 말은 아닙니다.

일요일 아침 카페에 가려고 집을 나섰습니다. 서쪽에서 동쪽으로 7미터를 걸어갔지요. 그런데 아차! 집에 깜박하고 지갑을 두고 왔습니다. 뒤로 돌아 2미터를 되돌아갑니다. 이때, 이동거리는 얼마일까요? 7에 2를 더해서 9미터입니다. 하지만 변위는 다릅니다. 7미터를

갔지만 다시 2미터를 돌아왔기 때문에 변위는 동쪽으로 5미터입니다. 이렇게 이동거리가 같아도 변위는 다를 수 있지요. 이동거리와 변위에는 차이점이 또 하나 있습니다. 변위는 '동쪽으로 5미터'처럼 방향의 개념을 포함하고 있죠. 이는 둘을 구분하는 중요한 요소입니다.

이제, 속력과 속도가 어떻게 다른지 살펴봅시다. 속력은 '이동거리'를 시간으로 나눈 개념입니다. 하지만 속도는 '변위'를 시간으로 나눈 개념이지요. 속력은 어느 쪽으로 가든 상관이 없습니다. 빠르기 그 자체만 나타내는 것이니까요. 반면, 속도는 물체의 빠르기를 나타내되 그 안에 '방향'의 개념도 포함하고 있습니다. "인생은 속도가 아니라 방향이다"라는 말이 과학적으로는 말이 안 되는 이유를 이제 아시겠지요? 속도 속에는 이미 방향이 들어 있으니까요. 문학적인 표현일 수는 있으나 과학적으로는 넌센스인 셈이죠.

어느 정도 워밍업이 되셨나요? 그럼 본격적으로 뉴턴의 운동 법칙 이야기를 시작하겠습니다.

가장 오래된 과학 질문

사람들은 먼 옛날부터 물체가 어떤 원리로 움직이는지 알고 싶어 했습니다. 고대 그리스의 철학자 아리스토텔레스*Aristoteles*는 모든 물체가 그들의 '자연적 위치'로 돌아가려 한다고 생각했습니다. 물체가 운동하는 것도 아직 '자연적 위치'에 도달하지 않았기 때문이라고 했습니다. 세상은 물, 불, 흙, 공기 네 가지로 이루어져 있는데, 들고 있던 물체가 아래로 떨어지는 이유는 흙의 속성을 가진 물체가 자신의 자연적 위치인 낮은 곳으로 향하기 때문이고, 불길이 위로 치솟는 건 불의 자연적인 위치가 높은 곳이기 때문이라고 설명했지요. 그리고 자연적인 운동 외에 인위적으로 움직여야 하는 운동은 반드시 어떤 물체에 접촉해서 힘을 줘야 움직인다고 했습니다. '힘을 주면 움직이고 힘이 가해지지 않으면 멈춘다'는 생각은 우리가 일상에서 겪는 것과 다를 바가 없습니다. 그래서 이 생각은 큰 이견 없이 거의 2천 년 동안 이어졌습니다.

그러다가 2천 년 후, 16세기에 중요한 인물이 나타납니다. 갈릴레오 갈릴레이Galileo Galilei입니다. 갈릴레이는 마찰이 없다면 물체는 같은 속도로 계속 움직인다고 생각했습니다. 아리스토텔레스는 누군가 또는 무언가가 힘을 가해야만 물체가 움직이고, 힘이 없으면 정지한다고 주장했는데, 마찰만 없으면 움직이던 물체는 계속 움직일 거라는 갈릴레이의 주장은 그전의 상식과는 전혀 다른 이야기였지요. 움직여줄 뭔가가 없어도 멈추지 않고 움직인다니! 오늘날처럼 관성이라는 개념에 익숙하지 않았던 당시엔 얼마나 놀라운 말이었을까요? 갈릴레이는 지동설도 주장한 인물입니다. 천동설이 지배하던 세상에 지동설을 외치고, 물체의 운동에 대해서도 혁신적인 주장을 한 걸 보면 참으로 대단한 분인 것 같습니다.

그리고 또 한 명의 중요한 사람이 있습니다. "나는 생각한다, 고로 나는 존재한다"라는 말로 유명한 프랑스 철학자 르네 데카르트Rene Descartes입니다. 데카르트는 '외부의 힘이 작용하지 않는 한, 물체는 현재의 운동 상태를 유지한다'라고 관성의 개념을 구체화했습니다. 갈릴레이와 데카르트의 연구 결과가 바로 뉴턴의 운동 법칙 세 가지 중에서 첫 번째, 제1법칙으로 이어집니다.

46년째 비행 중인
보이저호의 비밀

뉴턴 운동 제1법칙 : 관성의 법칙

세상에서 가장 유명한 버스 그림이 뭔지 아시나요? 아마 금방 떠올릴 수 있을 거예요. 바로 과학 교과서에 빠지지 않고 등장하는, 관성을 설명할 때 나오는 버스 그림입니다. 서 있던 버스가 갑자기 출발하면 안에 있던 사람들이 뒤로 쏠리고, 반대로 달리던 버스가 갑자기 정지하면 안에 있던 사람들은 앞으로 쏠립니다. 물체가 원래의 운동 상태를 유지하려고 하는 '관성' 때문입니다. 움직이던 물체는 계속 같은 속도로 움직이려고 하고, 멈춰 있던 것은 계속 멈춰 있으려고 하는 것이죠.

이런 현상은 우리 생활 속에서도 흔하게 볼 수 있습니다. 돌아가는 선풍기는 전원을 꺼도 어느 정도 날개가 돌아가다 멈춥니다. 또 100미터를 전력으로 질주하다가 결승선에 들어오면 바로 몸을 멈추기가 어렵지요. 운동하던 대상은 계속 운동하려고 하기 때문입니다. 반대로 정지해 있던 대상은 계속 정지해 있으려고 합니다. 테이블에 있던 식탁보를 빠르게 빼면 그 위에 있던 물건들이 쓰러지지 않고 테이블 위에 그대로 남는 것처럼요.

물체에 마찰이나 공기 저항 등이 가해지지 않으면 멈춰 있던 물체는 계속 멈춰 있고, 움직이던 물체는 계속 같은 속도로 움직입니다. 실제로 1977년에 우주로 쏘아올린 보이저호는 지금도 46년째 우주를 비행 중인데요, 중력이나 마찰력이 희박한 우주로 나간 물체는 별다른 추진력 없이도 계속 움직이게 됩니다.

KTX에 안전벨트가 없는 이유

뉴턴 운동 제2법칙 : 가속도의 법칙

자동차가 시속 100킬로미터로 달린다면 우리 몸도 시속 100킬로미터로 움직이는 것과 마찬가지입니다. 그런데 차가 갑자기 서면 어떻게 될까요? 관성의 법칙 때문에 몸이 앞으로 팍 쏠리겠죠. 팅겨 나가지 않도록 의자에 몸을 안전하게 고정하는 게 바로 안전벨트의 역할입니다. 그런데 KTX에는 안전벨트가 없습니다. 왜 그럴까요? 기차는 사고가 잘 안 나서일까요?

실제로 크게 필요가 없기 때문입니다. 기차는 엄청나게 크고 무거운 물체입니다. 급정거를 하더라도 버스나 자동차처럼 빨리 감속되지 않습니다. 제동거리가 길고 속력 변화도 크지 않아서 사고가 발생해도 열차 안에서 몸이 팅겨 나갈 위험이 낮습니다. 오히려 안전벨트를 착용하는 게 신속한 탈출에 방해가 될 수 있죠. 이와 관련된 것이 뉴턴 운동 제2법칙인 '가속도의 법칙'입니다.

앞에서 말씀드린 관성의 법칙은 어떤 물체에 외부의 힘이 작용하지 않을 때 그 물체의 운동이 어떻게 되는지를 설명하는 이론이었습니다. 하지만 관성 법칙만으로는 세상의 복잡함을 설명할 수 없습니다. 힘이 사방에서 가해지기 때문입니다.

물체에 외부의 힘이 가해지면 어떻게 될까요? 마찰 없이 같은 속도로 움직이는 공이 있다고 상상해 봅시다. 움직이는 방향으로 공을 밀어주면 속도가 더 빨라지겠죠. 반대 방향에서 힘을 가하면 공이 느려지거나 멈추고, 보다 큰 힘을 주면 원래 방향과 다른 쪽으로 굴러갈 겁니다. 즉, 힘을 가하면 물체의 빠르기나 방향이 변하는 겁니다.

빠르기에 방향이 포함된 개념이 '속도'라면, 힘이 가해져서 속도가 변하는 걸 '가속도'라고 합니다. 물체에 힘이 가해지면 가속도가 생깁니다. 여기서 헷갈리는 부분이 가속도의 '가'가 한자로 더할 가加 자이기 때문에 빨라지는 것만 가속도라고 생각할 수 있는데, **느려지는 것도 가속도라고 합니다.** 빠르기든 방향이든 '속도가 변하면' 무조건 가속도입니다. 가속도가 마이너스가 될 수도 있는데 시간이 지날수록 느려진다는 뜻입니다.

F=ma

가속도에 영향을 주는 건 두 가지입니다. 하나는 힘의 크기입니다. 가속도는 외부에서 힘이 가해지면 생깁니다. 힘이 커질수록 가속도도 커지죠. 세게 미는 것이 살살 미는 것보다 속도의 변화가 클 겁니다. 즉, 가속도는 힘의 크기에 비례합니다.

또 하나는 물체의 질량입니다. 탁구공과 볼링공을 던지면 뭐가 더 빨리 날아갈까요? 탁구공이겠죠. 같은 힘을 가해도 무거운 물체는 운동 상태를 변화시키기 어렵고 가벼운 물체는 변화시키기 쉽습니다. 굴러오는 볼링공을 멈추는 것보다 탁구공을 멈추는 것이 쉽고, KTX를 멈추는 것보다 자전거를 멈추는 것이 쉽지요. 이 말을 과학적으로 옮겨보면 '가속도는 질량과 반비례한다'라고 할 수 있겠네요.

이것을 공식으로 정리하면 뉴턴 운동 제2법칙, 즉 가속도의 법칙이 나옵니다. **가속도는 힘과 비례하고, 질량과 반비례한다.** 여기에서 그 유명한 'F=ma'라는 식이 나오죠. F는 힘$_{Force}$, m은 질량$_{Mass}$, a는 가속도$_{Acceleration}$ 입니다.

웬만하면 복잡한 공식 이야기는 안 하고 싶지만, 이 공식은 너무나 중요하고 기본이기에 안 할 수가 없네요. 사실 F=ma는 레온하르트 오일러$_{Leonhard\ Euler}$라는 수학자가 정리한 버전인데요, 아이디어는 뉴턴으로부터 나왔다고 볼 수 있습니다. 주입식으로 과학을 배운 세대도 아인슈타인의 E=mc²이나 뉴턴의 F=ma 정도는 기억하실 겁니다. 모든 물체가 움직이는 법칙이니만큼 엄청나게 복잡할 텐데, 말도 안 되게 단순하면서도 지구에서든 우주에서든 물체의 움직임을 설명할 수 있는 위대한 공식이지요. 일론 머스크$_{Elon\ Musk}$가 스페이스X라는 기업에서 우주 발사체를 쏘아 올릴 수 있는 것도 바로 이 공식 덕분입니다.

군이 일론 머스크의 이름을 거론하지 않더라도 가속도 법칙은 우리 일상에서 흔하게 볼 수 있습니다. 눈으로 볼 수 있는 어지간한 것들, 힘이 작용해서 움직이는 것들에는 거의 전부 가속도 법칙이 적용된다고 봐도 될 정도지요. **운전할 때, 달릴 때, 들고 있던 물건을 떨어트릴 때도 가속도의 법칙이 적용되고 있습니다.** '도대체 가속도의 법칙이 적용되지 않는 일도 있나?'라고 의문을 품어도 될 만큼 말입니다.

거시세계는 우리가 눈으로 보고 있는 세계로, 뉴턴이 만든 운동 법칙은 거시세계를 이해할 때 아주 유용한 법칙입니다. 고전물리학은 이 거시세계가 어떻게 돌아가는지 설명하기 위한 물리학이지요. 고전물리학 이후에 나온 현대물리학, 그중에서 양자역학은 거시세계가 아니라 눈에 안 보이는 입자들의 미시세계를 다루는 물리학입니다. 컴퓨터나 스마트폰 등은 현대물리학의 산물이지만 자동차가 달리고, 배가 항해하고, 비행기가 날아가는 등의 역학은 고전물리학만으로도 이해할 수 있습니다.

이제 뉴턴의 운동 법칙 세 가지 중 마지막 하나만 남겨두고 있습니다. 앞의 두 가지도 중요하지만, 이 한 가지야말로 엄청나게 중요한 법칙이라고 할 수 있습니다.

상자 속에 떠 있는 드론은 몇 그램일까?

뉴턴 운동 제3법칙 : 작용-반작용의 법칙

여기 완전히 밀폐되어 위쪽까지 꽉 막힌 무게 1,000그램의 상자가 있습니다. 그리고 그 안에 100그램의 드론을 넣었습니다. 드론이 바닥에 있을 때 상자의 무게는 1,100그램이겠죠. 그렇다면 상자 속의 드론이 날아올라서 공중에 떠 있다면 이 상자의 무게는 몇 그램이 될까요? 드론이 공중에 떠 있으니까 상자 무게만 따져서 총 1,000그램일까요?

정답은 1,100그램입니다! 공기가 무거워진 거냐고요? 원리는 이렇습니다. 일단 이 공간이 밀폐된 곳이라는 게 중요합니다. 상자는 안에 공기가 꽉 찼고, 그 상자 속 공기까지 합쳐서 1,000그램이라는 무게가 나왔죠. 여기서 드론을 띄우면 드론이 공기를 아래로 밀어내면서 몸체를 띄웁니다. 그럼 **상자 전체의 무게는 '원래 상자의 무게'에 '드론의 무게만큼 밀어내는 힘'이 더해져서 1,100그램이 됩니다.** 머리로는 알겠는데 실제로는 그럴 것 같지 않죠?

헬리콥터가 등장하는 영화나 드라마를 한번 떠올려 보세요. 헬리콥터가 하늘로 올라갈 때 바람이 어마어마하게 불죠. 그 밑에 서 있던 사람들의 몸이 휘청일 만큼 강한 바람이 붑니다. 바람은 공기입니다. 헬기는 공기를 아래로 밀어내면서 뜹니다. 헬기가 공기를 밀어내는 작용의 반작용으로 공기도 헬기를 위로 밀어내죠.

그런데 아까 드론의 사례에서는 상자의 모든 면이 밀폐되었다고 했죠? 때문에 공기가 사방으로 분산되지 않으니, 드론 무게만큼의 공기 무게가 전체 상자의 무게에 더해지는 겁니다. 이것이 바로 뉴턴 운동의 제3법칙인 '작용-반작용의 법칙'입니다.

모든 힘은 쌍방향이다

이번엔 바퀴 달린 의자로 설명을 해볼까요? 여기 바퀴 달린 의자가 두 개 있습니다. 의자는 앞뒤로 놓여 있고 각각의 의자에 사람이 앉아 있죠. 이때 뒷사람이 앞사람의 등을 밀면, 두 사람은 어떻게 움직일까요? 앞에 앉은 사람은 앞으로 밀려나고, 뒤에 앉은 사람은 뒤로 밀려납니다. 놀이공원에서 범퍼카를 타본 경험 있으신가요? 멈춰 있던 빈 차에 부딪치면 내 차 속도는 줄어들고, 아무도 안 타고 있던 빈 차는 반대쪽으로 속도가 커지죠.

손으로 책상을 탕 내려쳐 보세요. 내가 때렸지만 내 손도 아픕니다. 책상도 날 때린 거죠! '작용-반작용의 법칙'에 따르면 어떤 힘이 작용할 때는 힘을 받은 물체뿐만 아니라 힘을 가했던 물체도 반대 방향의 힘을 받습니다. 힘은 늘 쌍으로 존재한다는 것이죠. 반작용은 과학을 모르면 실감하기가 어렵습니다. 내가 바닥을 딛고 걸어다닐 때 바닥도 나를 민다는 걸 느끼진 않잖아요. 설마 걸을 때마다 "어머! 바닥이 날 밀고 있어!" 이렇게 느끼는 사람은 없겠죠? 모든 힘이 쌍으로 존재한다는 사실은 과학자들의 의문과 호기심, 그리고 관찰과 통찰이 없었다면 평생 모르고 살았을지도 모릅니다.

여기서 잠깐, 과학에 감성 한 스푼 더해볼까요? 저는 작용-반작용의 힘을 단순한 과학 이론으로만 보는 게 아니라 삶의 원리로도 씁니다. 앞으로 나아가야 할 때, 세상도 나를 뒤에서 떠받치고 있다고 생각하면 힘이 생기거든요. 지금 여러분이 하는 일, 바라는 일이 무엇이든 포기하지 말고 끝까지 딛고 걸어나가 보세요. 세상도 우리를 그만큼의 힘으로 같이 밀어줄 겁니다!

다시 과학 이야기로 돌아와 볼게요. 작용과 반작용은 세 가지 특징이 있습니다. 첫째, 양쪽으로 작용하는 힘의 크기가 같습니다. 둘째, 방향은 정확히 반대입니다. 셋째, 동시에 작용합니다. 시간차를 두고 작용하지 않죠.

생활에서 작용-반작용의 법칙을 가장 대표적으로 보여주는 것이 이동 수단입니다. 배는 노를 젓거나 모터를 이용해서, 물을 뒤로 밀어내면서 받는 반작용을 이용해 앞으로 나아갑니다. 비행기는 공기를 밀어낼 때 생기는 반작용을 이용하고, 자동차는 땅을 뒤로 밀어내는 힘, 땅이 차를 밀어내는 반작용으로 달립니다.

말과 마차의 역설

이 정도면 다 이해했다 싶을 텐데 하나만 더 짚고 넘어갈게요. 마지막 이야기를 통해 작용-반작용의 법칙을 완벽하게 복습해 봅시다. 다음은 '말과 마차의 역설'이라 불리는 문제입니다.

"말이 앞으로 가려면 마차를 당겨야 한다. 그런데 작용-반작용의 법칙 때문에 마차도 말을 뒤로 당긴다. 따라서 말과 마차는 앞으로 나아갈 수가 없다."

어라? 뭔가 이상하죠? 혹시 뭐가 문제인지 눈치채셨나요? 이 문제의 비밀을 풀기 위해 다시 한번 생각해 볼까요? 우선 말이 마차를 당기는 힘이 있습니다. 또 작용-반작용 때문에 마차도 말을 당기는 것도 사실이지요. 그럼 결국 말은 마차를 끌지 못하는 걸까요?

정답은 이겁니다. 작용-반작용 관계의 두 힘은 서로 더해질 일이 없습니다. 더해져서 0이 될 일도 없지요. 서로 다른 대상에게 작용하는 힘이기 때문에 애초에 합쳐질 일이 없는 겁니다. 어떤 물체의 운동 상태를 알려면 그 물체에 작용하는 힘들만 계산해야 합니다. 마차가 말을 당기는 힘은 말에 작용하는 것이고, 말이 마차를 당기는 힘은 마차에 작용하는 것입니다. 말 입장에서는 앞으로 나아가려면 '마차가 자기를 당기는 힘'이나 '공기 저항'보다 '자기가 땅을 박차고 앞으로 나아가는 힘'이 더 크기만 하면 되지요. 마차 입장에서 앞으로 나아가려면 '수레와 바퀴 사이의 마찰력'이나 '공기 저항'보다 '말이 자기를 당기는 힘'이 더 크면 그만인 겁니다. 말과 마차가 앞으로 못 나간다면 그건 각각 다른 힘으로 상쇄되는 것이지, 작용-반작용하는 힘끼리 상쇄되는 것이 아닙니다. **작용-반작용은 서로 다른 물체에 작용하는 힘이고, 두 힘은 절대 합쳐질 일이 없다는 것**, 꼭 기억하시기 바랍니다.

여기까지 물리학의 고전인 뉴턴의 운동 법칙 3가지를 알아봤습니다. 요즘 영화에서도 시간, 블랙홀 같은 소재가 다뤄지고, 많은 분이 양자역학이나 미시세계에도 관심을 갖다 보니까 오히려 이런 고전물리학과 관련된 내용은 많이 다뤄지지 않는 것 같습니다. 물론 고전물리학 중 일부는 현대에 와서 약간 맞지 않는 부분이 있다고 밝혀진 것도 있습니다. 그런데 그보다 중요한 건, 우리의 실생활에서 뉴턴의 운동 법칙이라고 부르는 것이 여전히 24시간, 하루종일 사방에서 작용한다는 점이죠. 뉴턴이라는 사람이 언제나 위인전에 빠지지 않고 등장하는, 올타임 레전드인 이유가 있다는 것! 다시 한번 생각해 보는 계기가 되었으면 합니다.

02

열역학,
엔트로피 가장 쉽게 이해하기

오늘 아침, 눈떴을 때 가장 먼저 무엇을 하셨나요? 아마 많은 분이 휴대폰을 확인하셨을 것 같습니다. 이때 휴대폰을 작동시키는 것은 뭘까요? 바로 '에너지'입니다. 휴대폰을 켜는 순간 배터리의 화학 에너지가 전기 에너지로 바뀌고, 화면에서는 전기 에너지가 빛 에너지로 전환됩니다. 인터넷에 접속하고 메시지를 주고받는 모든 일도 에너지 전환 덕분에 가능한 것이죠.

다시 아침으로 돌아가 보겠습니다. 어떤 분들은 침대를 정리하고, 아침 식사를 준비하고, 집을 청소한다고 대답하실 수도 있겠죠. 이 것은 바로 '일'을 한 것입니다. 우리는 일상 속에서 끊임없이 일을 하고 있습니다.

아침에 커피나 차를 마시기 위해 물을 데우셨을지도 모릅니다. 이때 우리는 '열'을 이용하여 물의 온도를 높입니다. 전기 주전자나 가스레인지의 에너지가 열 에너지로 변환되어 물을 끓게 만들죠.

흥미로운 점은 휴대폰을 작동시키고, 청소를 하고, 음식을 데우는 것 모두가 근본적으로 같은 물리적 개념과 연결되어 있다는 것입니다. 일, 에너지, 그리고 열은 근본적으로 연결된 개념이기 때문이죠. 이 원리 덕분에 바람이 풍차를 돌려 전기 에너지를 만들어내고, 그 전기 에너지로 음식을 데울 수 있습니다. 우리는 언제나 이 같은 개념들과 함께 하고 있었던 것입니다. 그래서 이번 파트에서는 우리가 항상 사용하는 일, 에너지, 열의 흐름과 변환을 함께 탐험해 보려 합니다.

최근 "에너지 위기다", "에너지 효율을 높여야 한다", "신재생 에너지 산업에 관심을 기울여야 한다"는 이야기를 자주 들으시죠? 에너지가 중요하고, 에너지가 돈이 된다는 걸 잘 알지만 정확하게 무엇이라 설명하기는 힘드실 겁니다. 이제부터 에너지의 물리학적 의미를 살펴보고 에너지란 대체 무엇인지 조금 더 깊이 이해해 보는 시간을 가져보겠습니다.

당신은
'일'을 하지 않았다

아무리 힘을 써도 안 되는 이유

에너지를 이해하려면 물리학적으로 '일'이라는 개념을 먼저 알아야 합니다. 플랭크*Plank*를 해본 적 있으신가요? 바닥에 팔꿈치를 대고 엎드려서, 어깨부터 발목까지 몸을 일직선으로 만들어 그 자세를 유지하는 전신운동이죠. 해보신 분들은 알겠지만 1분을 버티기도 어렵습니다. 진짜 엄청 힘들어요. 그런데 이렇게 힘든 플랭크를 물리학은 '일'로 쳐주지 않습니다. 왜 그럴까요? 물리학에서 일은 '힘에 이동거리를 곱한 것'이라고 정의합니다. 다시 말해서 **'일'이 성립되려면 일단 힘이 있어야 하고, 이동도 해야 합니다.** 그런데 플랭크는 제자리에서 꼼짝하지 않습니다. 그래서 아무리 죽을 것 같이 힘들어도 일이 아닙니다.

예를 두 가지 더 들어보겠습니다. 벽을 민다고 생각해 봅시다. 일이라고 할 수 있을까요? 있는 힘껏 밀어도 벽이 미동도 하지 않는다면, 힘은 있지만 물체가 이동을 전혀 안 했기 때문에 일을 했다고 할 수 없습니다.

또 다른 예는 썰매입니다. 제가 어렸을 때는 겨울에 빙판길에서 썰매를 타곤 했습니다. 어떤 날은 중간에 멈추지도 않고 쭉 미끄러져 나갔어요. 조건이 잘 맞아서 마찰 없이 잘 미끄러졌던 거죠. 이런 경우는 일이라고 볼 수 있을까요? 일정한 속도로 움직인 것이므로 썰매가 운동을 한 건 맞지만, 썰매가 움직이는 방향으로 가한 힘이 전혀 없기 때문에 일을 한 것이 아닙니다.

이렇게 물리학에서는 일인지, 아닌지를 정의하는 개념이 따로 있습니다. 우리가 생각하는 현실에서의 '일'과는 조금 다르죠. 물리학에서 일은 참으로 흥미로운 개념입니다. 이동이 있냐 없냐를 따지기에 결과 중심적이면서도, 힘을 안 주면 일이 아니기에 과정 중심적이기도 하니까요.

일이 에너지가 되고, 에너지가 일이 된다

에너지 이야기를 하겠다고 하고선 왜 '일'에 대해서만 한참 떠드냐고요? 일이 바로 에너지가 되기 때문입니다. 내가 물체에 어떤 일을 하면 일이 그 물체의 에너지로 전환되는 것이지요. 다시 말하면 **물체의 에너지로 변하지 않는 건 일이 아닙니다.**

에너지는 다양하게 정의될 수 있습니다. 좁은 의미에서 에너지는

'일할 수 있는 능력'이라고 말하기도 합니다. 서로 호환이 되는 관계인 것이죠. 일과 에너지는 단위도 같습니다. '줄(J)'이라는 단위를 쓰는데요, 메디컬 드라마에서 수술하다가 환자 심장이 멈추면 제세동기를 쓰면서 "200줄!, 300줄!" 하잖아요. 그게 에너지 단위입니다. 줄은 19세기 영국 물리학자 제임스 줄James Joule의 이름에서 따온 단위입니다. 힘의 단위가 '뉴턴'인 것처럼, 일과 에너지의 단위를 '줄'로 한 이유는 그분이 에너지 분야에 대단한 업적을 남겼기 때문이죠.

일이 에너지가 된다는 게 무슨 말인지 구체적인 예를 들어보겠습니다. 우리가 팔을 휘둘러서 공을 멀리 던지면, 공이라는 물체에 팔을 휘두르는 일만큼의 운동 에너지를 준 겁니다. 휠체어를 밀면 휠체어에 운동 에너지를 준 것이죠. 이렇듯 일은 운동 에너지로 바뀔 수 있습니다. 여기까진 상식적인 이야기죠.

그런데 이런 상황에선 어떨까요? 선반 위에 택배 상자가 있습니다. 현재는 정지해 있지만 지면을 기준으로 위에 있기에 언제든지 밑으로 떨어지는 운동을 할 수 있는 상태죠. 다시 말해서 당장 운동 에너지를 가지고 있는 건 아니지만 나중에 운동할 수 있는 에너지를 갖고 있는 겁니다. 이렇듯 앞으로 **운동할 수 있는 잠재력을 가진 에너지를 '퍼텐셜 에너지**Potential energy**'라고 부릅니다.** 가능성 있고 잠재력 있는 누군가를 표현할 때 '포텐 있다'고 하잖아요. 같은 뜻입니다. 지면에 붙어 있는 생수병은 아무에게도 위협이 되지 않지만 아파트 40층 난간에 있는 생수병은 행인을 크게 다치게 할 수 있는 아주 위협적인 물건이죠. 퍼텐셜 에너지를 갖고 있기 때문입니다.

퍼텐셜 에너지라는 영어 표현이 생소하게 들릴지도 모르겠습니다. 하지만 이것 역시 우리가 이미 배운 개념입니다. '위치 에너지'라는 이름으로요. 2012년 교과서부터 위치 에너지를 퍼텐셜 에너지로 바꿔서 쓰기 시작했는데, 2025년부터 새 교육과정이 적용되면 다시 위치 에너지로 바뀐다고 하네요. 번역하기가 좀 까다로운 용어들은 그때그때 조금씩 달라질 수도 있다는 점도 참고로 알고 있으면 좋을 듯합니다.

결국 일과 에너지는 이렇게 정리할 수 있습니다. **첫째, 물체에 일을 하면 그 물체의 에너지로 전환되고, 그 에너지는 또 일을 할 수 있어서 서로 전환되는 관계에 있다. 둘째, 일을 하면 이것이 물체의 운동 에너지와 퍼텐셜 에너지로 바뀌어서 물체가 운동을 할 수 있다.** 이 두 가지를 기억해 주시면 좋겠습니다.

롤러코스터가 가진
에너지들

역학적 에너지 보존의 법칙

일은 운동 에너지가 되기도, 퍼텐셜 에너지가 되기도 합니다. **운동 에너지와 퍼텐셜 에너지를 합친 것을 '역학적 에너지'라고 부릅니다.** 물체의 운동과 관련된 에너지이기 때문에 역학(물체의 움직임에 대해 연구하는 학문)이라는 단어를 써서 '역학적 에너지'라고 이름 붙인 거죠.

운동 에너지가 커지면 퍼텐셜 에너지가 그만큼 작아지고, 퍼텐셜 에너지가 커지면 운동 에너지가 그만큼 작아지지만, 그 합인 역학적 에너지의 총량은 동일하게 유지됩니다. **마찰이나 공기 저항이 없으면 역학적 에너지의 총량은 그대로 보존된다는 게 물리학의 '역학적 에너지 보존의 법칙'입니다.** 물론 현실적으론 힘들지만요.

역학적 에너지 보존의 법칙을 쉽게 이해할 수 있는 고전적인 예시가 바로 롤러코스터입니다. 관성의 법칙을 설명할 때 쓰이는 버스 그림과 더불어 교과서나 문제집에 무조건 나오는 클래식 그림이죠.

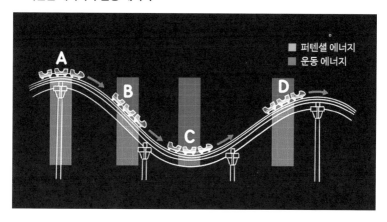

롤러코스터는 A에서 출발해서 B, C를 거처서 D로 갑니다. 모터가 열심히 일을 해서 열차가 최대 높이인 A에 올라간 순간, 일시적으로 멈춘 듯한 느낌이 듭니다. 그리고 밑으로 내려갈 때는 동력이 없어도 중력에 의해서 빠르게 운동하죠. 그 드라마틱한 속력의 변화 때문에 우리가 무섭다고 느끼는 것이고요.

여기서 문제! 열차의 위치로 봤을 때 퍼텐셜 에너지가 제일 높은 건 어디일까요? 너무 쉽죠? 당연히 제일 높이 있는 A입니다. 그렇다면 가장 속력이 빠른 구간은 어디일까요? 힌트를 드리자면 속력이 빠르다는 건 운동 에너지가 제일 큰 상태입니다. 정답을 맞히셨나요? 바로 C입니다. 역학적 에너지 보존의 법칙에 따르면 가장 낮은 위치에 있는 C에서 퍼텐셜 에너지가 가장 작으니까 운동 에너지는 가장 높은 것이죠.

번지점프도 비슷한 관점에서 설명할 수 있습니다. 높은 점프대에 올라가 있을 때 퍼텐셜 에너지가 최대치입니다. 점프를 하면 퍼텐셜 에너지가 운동 에너지로 바뀌지요. 롤러코스터와 마찬가지로 맨 밑에 내려갔을 때 속력이 가장 큽니다.

현실에서도 가능할까?

그런데 역학적 에너지가 보존된다는 이야기에서 이상하거나 궁금한 점 없으세요? 과학에서는 호기심은 물론이고 의심도 미덕입니다. 이해가 안 가거나 의심스러운 부분이 있다면 굉장히 좋은 겁니다. 역학적 에너지 보존의 법칙에는 '마찰이나 공기의 저항이 없는 상태에서'라는 전제가 붙습니다. 우리 현실은 어떤가요? 마찰이나 공기 저항이 없는 상황을 찾아보기 어렵습니다. 그럼 과연 현실에서도 이 법칙이 통할까요?

공을 바닥에 튕긴다고 생각해 봅시다. 역학적 에너지가 보존된다면 계속 처음 높이만큼 튀어 올라야 합니다. 그런데 현실은 그렇지 않죠. 공의 높이가 점점 낮아지면서 결국 멈추고 맙니다. 우리 주변에 있는 물체들은 일반적으로 마찰이나 공기 저항 같이 운동을 방해하는 힘을 받습니다. 이 경우 역학적 에너지는 보존되지 않죠.

그렇다면 에너지는 사라져버린 걸까요? 아니요, 에너지는 사라지지 않습니다. 역학적 에너지 보존의 법칙은 '마찰이나 공기 저항이

없다'라는 전제가 붙지만 이보다 더 광범위한, 사실상 어떠한 전제
도 붙지 않는 법칙이 있습니다. 바로 '에너지 보존 법칙'입니다. **'에너
지가 다른 형태의 에너지로 바뀌어도, 에너지의 총합은 일정하게 보존된
다' 는 것이죠.** 에너지는 사라지거나 새로 생기지 않습니다. 형태를
바꿀 뿐이죠.

자동차 발명의
시작

열역학 제1법칙 = 에너지 보존 법칙

공을 바닥에 튕겨서 공이 바닥에 부딪치면 공과 바닥의 온도가 아주 살짝 올라갑니다. 공과 바닥에 열 에너지가 발생한 거죠. 역학적 에너지의 일부가 열 에너지 형태로 바뀐 것입니다. 아주 작은 에너지겠죠. 그리고 남은 역학적 에너지가 모두 열 에너지로 전환되면 공은 이제 더이상 운동할 수 있는 에너지가 없습니다. 그때 비로소 공이 멈추게 됩니다.

공만 생각하면 역학적 에너지가 보존되지 않는 것 같지만 공과 바닥, 그리고 주변 공기 같은 모든 물질을 포함하면 역학적 에너지와 열 에너지를 합한 전체 에너지는 감소하지 않고 보존됩니다. 이게 바로 에너지는 새로 생기거나 사라지지 않고 보존된다는 에너지 보존 법칙이죠. 그리고 이게 바로 '열역학 제1법칙'입니다. **즉, 에너지 보존 법칙과 열역학 제1법칙은 같은 말입니다.**

"에너지 보존 법칙이라고 하면 되지, 왜 복잡하게 열역학 제1법칙이라고도 하는 거야? 왜 같은 법칙을 두 개나 만들었어?"

이렇게 생각하시는 분도 계실 텐데요, 순서가 반대입니다. 열과 일 사이의 관계를 연구하다가 열역학 제1법칙이 나왔고, 결과적으로 에너지가 보존된다는 걸 알게 된 거죠. 그럼 보다 직관적인 표현인 '에너지 보존 법칙'이라고 부르는 게 좋겠다고 생각해서 두 가지를 같이 부르게 된 겁니다.

열역학이라는 말은 열과 역학의 합성어입니다. 단어에서 거리감이 느껴지실 수도 있지만 열역학 자체는 상당히 실용적인 학문입니다. 내연기관 자동차도 열역학의 산물이고, 물 1그램의 온도를 1도 올리는 데 필요한 열량을 말하는 '칼로리'라는 개념도 열역학에서 출발했습니다.

열역학 발전에 중요한 역할을 한 사람이 앞에서 말씀드린 영국의 과학자 제임스 줄입니다. 기계적인 일이 열로 바뀔 수 있다는 걸 실험으로 증명했죠. 그는 줄에 추를 매달아서 프로펠러를 연결하는 장치를 고안했습니다. 추가 내려가면 프로펠러가 돌아가면서 물이 데워지는 장치였죠. 재미있는 것은 물의 온도가 추가 움직인 정도에 따라서 일정하게 바뀐다는 사실이었습니다. 그래서 에너지는 사라지는 게 아니라 형태를 바꾼다는 생각을 하게 되었죠. 이 아이디어가 에너지 보존 법칙의 기초가 되었습니다.

1차 산업혁명의 발견

줄의 실험처럼 역학적 에너지가 열 에너지가 될 수 있다면, 그 반대도 가능하지 않을까요? 열 에너지도 역학적 에너지가 될 수 있다는 것은 사실로 확인되었습니다. 18세기 인류에게 있었던 아주 중요한 사건인 1차 산업혁명 덕분입니다. 1차 산업혁명을 대표하는 과학 기술에는 증기기관이 있는데, **증기기관처럼 열을 이용해서 일하는 장치를 '열기관'이라고 부릅니다. 열기관은 열을 역학적 에너지로 바꾸는 기관입니다.**

열역학의 역사는 열기관 연구와 밀접하게 관련이 있습니다. 오늘날 대표적인 열기관은 자동차 엔진이죠. 자동차 엔진의 작동 원리를 보면 열이 역학적 에너지로 바뀌는 과정을 이해할 수 있습니다. 실린더에 가솔린이나 디젤 같은 연료와 공기를 넣고 압축시켜서 폭발

◆ 자동차 엔진의 작동 원리

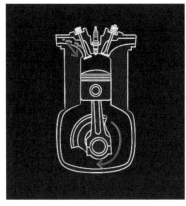 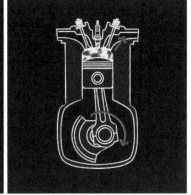

을 일으키면 실린더 안의 온도가 확 올라가고, 실린더 안의 공기 입자들이 활발하게 움직이면서 부피가 팽창합니다. 팽창한 공기가 피스톤을 밀어내겠죠. 그러면 피스톤이 일을 하게 됩니다. 피스톤이 일을 하면 크랭크축부터 이 일이 가해진 물체들의 역학적 에너지가 올라갑니다. 이 힘 때문에 바퀴가 굴러가고 운동을 하게 되죠. 이것이 자동차 엔진의 원리입니다. 라면을 끓이려고 냄비에 물을 붓고 뚜껑을 덮은 후 열을 가하면 뚜껑이 들썩거리잖아요. 똑같은 원리입니다. 단순히 열 에너지를 가했을 뿐인데 물리적인 움직임이 드러난 거죠. 이제 열 에너지가 역학적 에너지로 변할 수 있다는 것, 확실히 아시겠죠?

그런데 여기서 중요한 것이 있습니다. 열 에너지가 일로 변하려면 실린더 안의 기체가 뜨거워져야 합니다. 그 말은 기체를 데우는 데도 에너지가 쓰인다는 겁니다. 그런데 전체 에너지 양은 보존되기 때문에 **기체에 에너지가 가버리면 열 에너지가 100퍼센트 전부 역학적 에너지로 전환되지 못합니다. 한마디로 열 손실이 생기는 겁니다.** 쉽게 말해, 중간에 마진을 떼어가는 소매상들이 있는 거예요. 친구한테 100만 원을 주려고 했는데, 중간에서 5만 원을 가져가는 거죠.

문제는 배보다 배꼽이 더 크다는 겁니다. 열 에너지가 100이었다고 하면 최종적으로 역학적 에너지가 되는 건 50도 안 될 수도 있거든요. 자동차의 경우 열효율이 40퍼센트만 돼도 좋다고 하니 에너지를 정말 정확하게 제대로 전달하는 것, 손실되지 않게 잘 지키는 일이 얼마나 어려운지 짐작하시겠죠? 그래서 내가 의도한 대로 에너지를 잘 보관하고 손실 없이 사용하는 것이 인간의 오랜 욕망이었던 겁니다.

영원히 멈추지 않는 기계

'영구기관'이라는 말을 들어보신 적 있으신가요? 한 번 돌아가면 외부 에너지 없이 자기 혼자 영원히 일하거나 열 에너지를 100퍼센트 역학적 에너지로 바꾸는, 꿈속에나 있을 법한 이상적인 기관을 영구기관이라고 부릅니다. 인류 역사상 영구기관을 만들려는 시도는 백전백패했습니다. 에너지 보존 법칙에 의하면 영구기관은 불가능하기 때문이죠.

밖에서 에너지를 공급받지 않고 영원히 일하는 기관을 만드는 건 불가능할까요? 과거에 나온 아이디어들로는 물의 낙차를 이용해서 계속 돌아가는 수차, 구슬의 힘으로 계속 돌아가는 회전판 등이 있습니다. 언뜻 보기엔 가능할 것 같지만 절대 '안 됩니다'.

먼저 수차부터 생각해 볼까요? 물이 떨어지면서 수차를 돌리면 스크루가 회전하면서 물을 끌어올리고, 이 물이 다시 떨어지면서 수차를 계속 회전시킨다는 발상인데요, 당연히 불가능합니다. 첫 번째 사이클을 돌 때 수차를 운동시키기 위해 에너지가 사용되겠죠? 물을 다시 원래 위치까지 퍼 올리는 데 필요한 에너지만큼 줄어들었을

◆ 계속 도는 수차와 계속 도는 회전판 아이디어

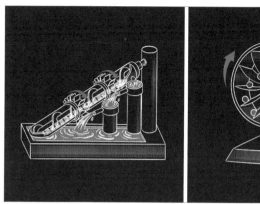

겁니다. 한 사이클만 봐도 수차가 영원히 돌기엔 불가능한 조건이라는 걸 알 수 있죠. 수차 돌리는 데 쓴 만큼의 에너지가 외부에서 와야 하니까요.

쇠구슬 회전판은 천재 중의 천재라고 불리는 레오나르도 다빈치 *Leonardo da Vinci*가 고안한 것입니다. 회전판을 한 번만 돌리면, 경사면의 기울기를 따라 구슬이 차례차례 굴러가면서 회전판을 돌리는 형태입니다. 이 또한 수차와 마찬가지로 영구기관이 되기에는 불가능합니다. 무언가를 움직이는 데 에너지를 쓰면 외부에서 추가 에너지가 들어오지 않는 이상 에너지 손실이 발생하고, 결국엔 멈추게 됩니다. 영구기관에 관심이 많던 다빈치조차 이런 말을 했다고 하죠.

"영구기관이라는 건 덧없는 짓이니 영구기관을 만드는 데 시간과 재능을 낭비하지 말라."

그런데 지금도 여전히 전 세계 각국의 특허청에 영구기관을 발명했다고 특허를 내달라는 신청이 계속되고 있다고 합니다. 특허는 통상 주류 과학 이론 범위 내에 있는 것만 출원이 됩니다. 그러니까 어떤 논문에 의해서 기존의 열역학 법칙 자체가 무너지지 않는 이상 영구기관 특허 출원은 어렵다고 모든 과학자가 합의를 해놓은 상태인 거예요. 혹시나 영구기관 발명을 꿈꾸고 계신 분들이 계신다면 단단히 준비하셔야 할 겁니다.

물은 결국
○ 식는다

열역학 제2법칙

앞서 영구기관을 만드는 건 불가능하다고 이야기했지만, 여기 또 다른 종류의 영구기관 아이디어가 있습니다. 열역학 제1법칙을 거스르지 않는 영구기관이죠. **"열기관에서 열 에너지를 모두 일로 전환하는 건 가능하지 않을까?"**라는 생각에서 출발한 것인데, 에너지 보존 법칙을 거스르진 않으니 어쩌면 성공할 수도 있지 않을까요? 결론부터 말씀드리면 이 또한 불가능합니다.

19세기 프랑스의 공학자였던 라자르 카르노*Lazare Carnot* 백작이 효율을 최대치로 하는 이상적인 기관을 머리로 설계했습니다. 이것을 '카르노 기관'이라고 부릅니다. 외부로 손실되는 열이 없다는 비현실적인 가정 아래서 고안된 카르노 기관조차 수학적으로 100퍼센트의 열효율이 안 나옵니다. 하지만 이 연구 결과는 이후 독일의 물리학자 루돌프 클라우지우스*Rudolf Clausius*가 열역학 제2법칙을 발견하는 데 큰 역할을 합니다.

열역학 제2법칙은 열과 온도에 관한 법칙입니다. '열은 반드시 고온에서 저온으로, 자발적으로 이동한다'는 것이 핵심이지요. 뜨거운 물을 컵에 담아서 상온에 두면 뜨거운 물에 있던 열이 바깥 공기로 나와서 물이 미지근해지다가 나중엔 차갑게 식습니다. 바깥 공기에 있던 열이 뜨거운 물로 들어와서 뜨거운 물이 더 뜨거워져 펄펄 끓는 일은 절대 생기지 않죠.

이렇게 당연한 게 법칙이라니 조금 허탈한가요? 하지만 한번 생각해 보세요. 열이 고온에서 저온으로만 이동한다는 사실과, 자동차의 열효율이 50%에 불과해도 보존율이 높은 것으로 여겨진다는 사실, 이 두 가지 사실이 본질적으로 같은 원리에 기반하고 있다는 것을요. 당연하게만 느껴지는 이러한 원리들도 실제로는 굉장히 물리학적인 것이고, 기술적인 측면에서도 매우 깊은 의미를 지니고 있습니다.

열과 온도, 열과 열 에너지

열역학 제2법칙을 좀 더 정확하게 이해하려면 우리가 기존에 갖고 있던 온도와 열에 대한 생각을 새롭게 볼 필요가 있습니다. 용어를 좀 더 정확하게 정의해야 하는데요, 열은 무엇이고 온도는 무엇일까요? 열은 뜨거운 것이고, 온도는 뜨거운 정도라는 대답만으로도 훌륭합니다. 그렇다면 '뜨겁다'는 건 뭘까요? 지금부터 열과 온도에 대한 물리학의 전혀 다른 정의를 만나보시죠.

물리학에서 온도는 '물체를 구성하는 입자들의 운동 에너지를 나타내는 척도'입니다. 겉으로 보이지 않는, 물체 내부 에너지의 일부이죠. 내부 에너지가 크면 온도가 높은 것이고, 내부 에너지가 작으면 온도가 낮은 겁니다. 예를 들어 냄비를 뜨겁게 달군다고 생각해 보죠. 냄비에 열을 가하면 냄비가 움직인 것도 아니고 형태가 바뀐 것도 아닌데 뜨거워집니다. 열 에너지가 생긴 거죠. 이런 게 내부 에너지입니다. 겉으로 봤을 때는 변화가 없지만 뜨거워졌다면 내부 에너지가 올라간 겁니다.

비슷한 것 같지만 '열 에너지'와 '열'은 다른 개념입니다. 열은 물체와 물체 사이를 이동하는 에너지이고, 열 에너지는 물체가 가지고 있는 내부 에너지의 종류입니다. 다시 말해 열은 물체와 물체 사이를 이동하는 상태의 에너지에 한해 쓰는 말이기에, 어떤 물체 내부에 있을 때는 열이 아니라 열 에너지라고 합니다.

뭔가가 피부에 닿았을 때 뜨겁거나 차갑다고 느끼는 건 물체 자체의 열 에너지가 크거나 작아서라고 생각하기 쉬운데 그게 아니라는 겁니다. 뜨거움과 차가움을 느끼는 포인트는 열 에너지에 있는 게 아니라, 열 에너지가 큰 물체에서 낮은 곳(피부)로 열이 이동하거나, 혹은 우리 피부가 상대적으로 열 에너지가 작은 물체에 열을 빼앗기기 때문에 느끼는 것입니다.

헷갈리니까 다시 한번 정리해 볼게요. 물체의 열 에너지 자체 때문이 아니라, **'열의 이동' 때문에 뜨거움이나 차가움을 느끼는 것입니다.** 적은 양의 열이 천천히 이동할 땐 적당히 따뜻하거나 적당히 시원하다고 느끼고, 많은 양의 열이 순식간에 이동하면 심하게 뜨겁거나 차갑다고 느끼게 됩니다. 이제 물리학에서 뜨거움과 차가움을 해석하는 방식을 이해하셨나요?

무질서,
가장 자연적인 현상

열역학 제2법칙＝엔트로피 증가 법칙

열역학 제1법칙을 에너지 보존 법칙이라고 하는 것처럼 열역학 제2법칙도 다른 이름이 있습니다. 바로 '엔트로피 증가 법칙'입니다. 엔트로피는 정말로 흥미로운 개념인데요, 아마 어디선가 들어보긴 했어도 정확히 무엇을 의미하는지 아는 분들은 적을 겁니다. 우리말로는 '무질서한 정도'를 뜻하는 말로 번역되기도 하는데 정확한 개념을 담은 말이 없기 때문에 엔트로피*Entropy*라는 원어로 많이 씁니다.

열역학 제2법칙은 '열은 반드시 고온에서 저온으로 자발적으로 이동한다'였습니다. 즉 온도가 높은 (내부 에너지가 큰) 쪽에서 온도가 낮은 (내부 에너지가 작은) 쪽으로 에너지가 이동한다는 것이었죠. 그런데 그것이 왜 엔트로피가 늘어나는 것과 같다고 하는 걸까요?

진공으로 된 두 개의 방을 상상해 봅시다. 한쪽엔 기체 분자가 10개 있고 한쪽엔 없습니다. 기체 분자가 없는 쪽은 내부 에너지가 없는 반면, 기체 분자가 움직이고 있는 쪽은 내부 에너지가 상대적으로 높겠죠. 두 방은 붙어 있는데 문이 닫혀 있습니다. 이제 방문을 한번 열어볼까요? 기체 분자 10개 중 일부가 원래 있던 방에서 빈방으로 이동해서 나중엔 두 방의 분자 수가 비슷해집니다.

이러한 과정은 확률적으로 이해해 볼 수 있습니다. 우선 문이 열려 있는 상태에서 왼쪽에만 기체 분자가 몰려 있고 오른쪽은 텅텅 빌 경우의 수를 1이라고 하겠습니다. 반대로 오른쪽에만 몰려 있고 왼쪽은 텅텅 빌 경우의 수도 1입니다. 왼쪽 1개, 오른쪽 9개일 경우의 수는 모두 10개입니다. 왼쪽에 2개 오른쪽에 8개일 경우의 수는 45개입니다. 이런 식으로 모든 경우의 수를 계산하면 무려 1,024개의 가능성이 있습니다. 그중에서 왼쪽 5개, 오른쪽 5개일 경우의 수가 252개로 가장 많습니다. 확률상 이렇게 균일하게 퍼져 있을 가능성이 제일 높은 거죠.

그런데 현실은 어떨까요? 방이 두 개도 아니고 분자가 10개도 아닙니다. 훨씬 복잡합니다. 당연히 더 많은 경우의 수와 확률이 존재하겠죠. **그럼 분자가 한쪽으로 몰릴 확률은 더 낮아지고, 고르게 분포할 확률은 엄청나게 높아집니다.**

또 다른 예시를 들어볼까요? 물에 잉크 방울을 떨어뜨리면 처음에는 둘이 구분되지만, 시간이 지날수록 잉크가 퍼져나가서 물과 잉크를 구분할 수 없을 만큼 완전히 섞여버립니다. 앞에서 말한 것처럼 가장 확률이 높은, 잉크가 골고루 퍼져 있는 결과가 나타나죠.

즉, 가장 확률이 높은 결과를 '자연적인 결과'로 보는 겁니다. 한쪽으로 쏠리는 지극히 낮은 경우의 수, 다시 말해서 퍼져나갔던 잉크가 저절로 모여서 한 방울이 되는 일은 일어나지 않습니다.

이런 예시는 우리 실생활에서 얼마든지 찾아볼 수 있습니다. 비빔밥도 처음엔 밥 위에 나물과 달걀, 고추장이 가지런히 담겨 있습니다. 그릇째 흔들수록 더 섞일 뿐, 몇 번을 반복해도 처음의 상태로 돌아가지 않습니다. **질서에서 무질서로 이동하는 것, 시간이 지날수록 엔트로피가 높아지는 것이 자연스러운 방향입니다.**

모든 열 에너지가 일로 변환될 수는 없다

엔트로피는 까다로운 개념이어서 정확히 설명하기는 어렵지만, 열 에너지가 모두 일로 변환될 수 없는 이유도 엔트로피 증가 법칙으로 설명할 수 있습니다. 열 에너지는 각각의 기체 분자가 무작위로 운동하도록 만드는 무질서도가 높은 에너지입니다. 역학적 에너지는 물체가 일정하게 움직이도록 하기에 열 에너지에 비해 정돈된, 상대적으로 무질서도가 낮은 에너지라고 볼 수 있습니다. 열 에너지가 100퍼센트 역학적 에너지로 전환되는 건 무질서도가 줄어드는 결과이기 때문에 열역학 제2법칙을 위반하게 되는 겁니다.

여기까지 물리학에서 중요한 세 가지 개념, 일과 열, 그리고 에너지에 대해서 말씀드렸습니다. 사실 조금 어려웠을 수도 있어요. 전부 이해가 되지 않으셨어도, 괜찮습니다. 방송도 찾아보고, 책도 다시 읽어보고, 다른 자료도 찾아보면서 조금씩 흥미를 느끼신다면 그걸로 충분합니다.

궤도의 전 국민 이과생 만들기 프로젝트! 다음은 정말 재밌는 전기와 자기 이야기, 전자기학 이야기가 여러분을 기다리고 있습니다. 어서 넘어가시죠!

03

전자기학,
당신이 쓰는 전기는 자석에서 온다

올해 여름은 유난히 무더웠습니다. 에어컨 사용이 많아지면서 어떤 지역의 아파트는 며칠씩 정전이 되기도 했죠. 내가 사는 곳이 며칠씩 정전됐다고 상상해 보세요. 에어컨이 안 되고, 냉장고는 멈추고, 전등도 안 들어오고, 세탁기도 못 돌립니다. 생각만 해도 아찔하네요. 우리는 어느새 전기 없이는 살 수 없는 존재가 되었습니다. 이런 상황에서 전기에 대해 너무 모르는 것도 좀 아쉽지 않나요? 기왕 전기와 함께 살아가는 삶이라면 관심을 가지고 배워보는 것도 좋을 듯합니다.

　촛불이나 호롱불을 켜고 살았던 옛날에는 전기가 없었습니다. 전기는 언제, 누가 발명한 걸까요? 결론부터 말씀드리면 **전기는 사람이 만든 것이 아닙니다. 원래부터 자연에 있었고 지금도 늘 있는 것이지요. 다만 예전에는 전기를 사용할 지식과 기술이 없었던 겁니다.** 그러다 우연히 누군가 전기 현상을 발견해서 전기의 존재를 알게 되었고, 지금처럼 필요할 때 효과적으로 전기를 사용할 수 있도록 전지를 비롯해 여러 가지 기술들을 개발한 것입니다.

그렇다면 '자기'는 어떨까요? 어릴 적에 자석을 가지고 놀아본 경험은 다들 있으실 겁니다. 자석을 가까이 대면 서로 밀어내거나 당기죠. 나침반이 항상 북쪽을 가리키는 것도 신기하지 않으셨나요? 이 모든 것이 바로 자기 현상 때문입니다.

전기 이야기를 하다가 갑자기 웬 자기 얘길 하냐고요? 사실 전기와 자기는 서로 밀접한 관련이 있습니다. 전류가 흐르면 자기장이 생기고, 반대로 자석을 움직이면 전기가 발생하기도 합니다. 이러한 원리를 이용해 전동기나 발전기가 만들어졌고, 이는 현대문명의 근간이 되었습니다. 스마트폰, 컴퓨터, 전기 자동차와 같은 기술들이 전기와 자기의 원리에 기반하고 있죠.

우리는 이 보이지 않는 힘의 세계를 얼마나 알고 있을까요? 전기는 어떻게 만들어지는 걸까요? 자석은 왜 서로 밀고 당길까요? 전기와 자기는 서로 어떻게 연결되어 있을까요? 전기와 자기가 어떻게 우리의 삶을 변화시켜 왔는지, 또 앞으로 어떤 가능성이 있는지 이제 본격적으로 알아보겠습니다.

호박을 문질렀을
뿐인데

전기의 발견

전기를 처음 발견한 사람은 누구일까요? 기록에 의하면 기원전 600년경 고대 그리스의 철학자 탈레스*Thales*가 처음으로 전기 현상을 발견했다고 합니다. 어느 날 탈레스는 보석에 묻은 먼지를 닦고 있었습니다. 송진이 굳어서 생기는 '호박'이라는 보석이었죠. 그런데 먼지를 닦아낼수록 먼지가 떨어지기는커녕 오히려 더 들러붙는 것이었습니다. 호박과 헝겊 사이에 마찰이 생겨 정전기가 발생한 것이었는데 당시엔 정전기에 대해 알지 못했기 때문에 호박에 마법이 깃들어 있다고 생각했습니다. 고대 그리스어로 호박이 '일렉트론*ἤλεκτρον*'입니다. 여기에 힘이라는 의미가 더해져 '일렉트리시티*Electricity*'라는 단어가 되었다고 합니다. 전기를 영어로 일렉트리시티라고 하죠? 인류가 제일 처음 발견한 전기 현상이 정전기였던 것입니다.

흔히 전기라고 하면 동전기動電氣, 즉 '움직이는 전기'를 뜻합니다.

콘센트에 코드를 꽂으면 전기는 계속 흐르듯이 움직이죠. 그래서 전기라고 하면 일반적으로 동전기를 뜻하지만, 동전기라는 표현은 잘 쓰지 않습니다. 정전기는 이런 동적인 전기와 다르게 '정적인 전기'라는 뜻입니다. 전기가 흐르지 않고 물체 표면 같은 데에 정적으로 머물러 있다는 얘기죠. 정전기는 주로 마찰 과정에서 발생합니다.

세상 만물은 전기적인 물질이다

왜 이런 현상이 생기는 걸까요? 세상의 모든 물체는 원자라는 아주 작은 알갱이로 이루어져 있습니다. 그런데 이 원자도 원자핵과 그 주위를 둘러싼 전자로 나뉩니다. 원자핵은 양전하(플러스 전하)를 띠고, 전자는 음전하(마이너스 전하)를 띠고 있지요. 그러니까 사실 모든 물체는 '전기적'이라고 할 수 있습니다. 사람도, 책상도, 옷도, 공기도 모두 다 원자로 되어 있기 때문에 양전하와 음전하를 가지고 있다는 겁니다. '전하'라는 말이 어렵게 느껴질 수도 있는데, 쉽게 말해 '전기적인 성질'이라고 보시면 됩니다.

전기적 현상은 기본적으로 원자를 구성하는 입자인 전자가 이동해서 발생하는 현상입니다. 평소에는 양전하와 음전하가 균형을 맞춰서 중성 상태를 이룹니다. 그런데 물체를 비벼 마찰을 발생시키면 음전하를 띤 전자가 한쪽 물체에서 다른 쪽 물체로 이동합니다. 그러면 중성이었던 물체 표면이 각각 양전하와 음전하를 띠게 됩니다.

재미있는 것은 물체에 따라 어떤 물체는 음전하를 띠기 쉽고, 어떤 물체는 양전하를 띠기 쉽다는 점입니다. 음전하를 띤 전자가 어떻게 움직이느냐에 따라 달라지지요. 아래 그림의 오른쪽에 실리콘이나 비닐은 전자를 얻어 음전하를 띠기 쉽고, 왼쪽에 유리나 머리카락은 전자를 잃어 양전하를 띠기 쉽습니다. 그리고 가운데는 양전하나 음전하를 잘 띠지 않는 물체들입니다.

풍선과 담요를 문지른 후에 빈 알루미늄 캔을 갖다 대면 어떻게 될까요? 풍선은 고무 소재고, 담요는 폴리에스테르 소재입니다. 이 둘을 문지르면 풍선의 표면은 어떤 전하를 띠게 될까요? 고무는 폴리에스테르보다 음전하를 얻기 쉽기 때문에, 이 둘을 문지르면 풍선에 음전하가 축적됩니다. 이렇게 풍선은 음전하를 띠게 되죠. 그 상태에서 풍선을 알루미늄 캔에 가까이 가져가면 '정전기 유도'라는 현

◆ 물체가 갖는 전하의 성질

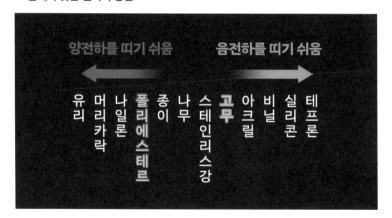

66

상이 발생합니다. 알루미늄 캔은 전도체이기 때문에 캔 안의 전자들이 자유롭게 이동할 수 있는데요, 풍선의 음전하가 캔에 가까워지면 캔 내부의 전자들이 풍선의 전자에 의해 밀려나게 됩니다. 전자끼리는 서로 밀어내거든요. 따라서, 풍선과 가까운 쪽에는 양전하가 많아지죠. 이 양전하와 풍선 표면의 음전하는 서로를 끌어당겨, 캔이 풍선 쪽으로 끌려오게 됩니다.

정전기 현상은 생활 속에서도 자주 경험합니다. 특히 건조한 겨울철에 맨손으로 문 손잡이를 잡으면 순간적으로 파바밧! 하고 전기가 흐를 때가 있습니다. 전하 차이가 클 경우, 평소 전기가 안 통하던 공기에까지 순간적으로 전기가 흘러서 그렇습니다. 번개처럼요. 손 안의 작은 번개인 셈이죠. 정전기 현상을 없애려면 손이나 몸에 물체가 닿기 전에 전도성 있는 물체를 먼저 만지는 게 도움이 될 수 있습니다. 동전이나 클립 같은 것을 갖고 다니다가 맨손으로 손잡이를 잡기 전에 먼저 터치하면 일종의 범퍼 역할을 해줍니다. 몸에 축전된 전하를 동전이나 클립을 통해 방출하는 것이죠.

전구에 불이
들어오는 순간

중력만큼 중요한 '전자기력'

정전기 현상에서 볼 수 있는 것처럼, 양전하나 음전하를 띤 물체 사이에 작용하는 힘을 '전기력'이라고 합니다. **전기력은 생각 이상으로 강력해서 물체가 조금만 전하를 띠어도 아주 쉽게 중력을 이길 수 있습니다.** 양전하인 원자핵과 음전하인 전자 사이에 작용하는 전기력을 1이라고 한다면, 원자핵과 전자의 질량에 작용하는 중력은 100,000,000,000,000,000,000,000,000,000,000,000,000분의 1입니다. 0이 무려 39개입니다!

우리가 우주상의 힘을 크게 네 가지로 분류하면, '강력', '약력', '중력', 그리고 '전자기력'으로 나눌 수 있습니다. 강력과 약력은 강한 핵력, 약한 핵력을 말하는데 눈으로 볼 수 있는 게 아니기 때문에 일상 생활에서 체감하기는 힘든 힘입니다. 중력은 만유인력이고, **전자기력은 전기력에 자기력을 합친 개념**인데 자기력에 대해서는 이후에 다시 설명하겠습니다.

우주에 네 가지 힘이 있다는 걸 말씀드린 이유는, 전자기력도 중력처럼 아주 중요한 힘이라는 걸 알려드리기 위해서입니다. 마찰력이나 탄성력처럼 '-력'자가 붙는 다른 힘들도 이 네 가지 힘의 하위개념입니다. 그리고 대부분 전자기력에 포함됩니다. 마찰력과 탄성력도 전자기력에 속하지요. 전자기력의 위상이 얼마나 대단한지 아시겠죠?

전자기력 중 전기력부터 먼저 이야기해 볼게요. 전기력과 중력은 전혀 다른 듯하지만 의외로 공통점을 많이 갖고 있습니다. 떨어져 있는 물체 사이에 작용한다는 점이 비슷하고, 힘을 분석할 때 사용하는 공식도 비슷합니다. 전기력의 크기를 설명하는 법칙 중에서 가장 중요한 것 중의 하나가 '쿨롱 법칙'입니다. 프랑스의 물리학자 샤를 드 쿨롱Charles de Coulomb의 이름을 딴 법칙으로 '전기력을 띤 물체들의 거리가 멀수록 전기력이 작아지고, 물체가 띠고 있는 전하량과 전기의 양이 많을수록 전기력이 커진다'는 법칙입니다. 중력도 거리가 멀면 작아지고 질량이 크면 커지니 신기하게도 작용하는 원리가 비슷하죠. 물론 중력은 밀어내는 힘은 없고 끌어당기는 힘만 있습니다. 반면 전자기력은 둘 다 있죠. 그리고 전자기력이 훨씬 강력합니다. 둘 사이에 차이점도 분명히 있지만 우주의 힘이 작용하는 법칙이 묘하게 닮아 있는 게 참으로 신비롭습니다.

쿨롱 법칙과 관련된 재밌는 이야기가 있습니다. 쿨롱 법칙이 발표

되기 10년 전쯤, 영국의 과학자 헨리 캐번디시Henry Cavendish가 먼저 이 법칙을 발견했다고 합니다. 그런데 캐번디시는 굉장히 내향적이고 독특한 성향을 지니고 있어서 자신의 연구 결과 중에서 발표한 게 4분의 1밖에 안 된다고 해요. 대부분 자기 성과를 알리기에 여념이 없을 때 연구 자체에 전념했던 거죠. 전압, 전류, 저항 사이의 관계를 설명하는 '옴 법칙'도 독일의 물리학자 게오르크 옴Georg Ohm이 발표하기 40여년 전에 캐번디시가 먼저 발견했다고 하네요. 정말 알면 알수록 흥미로운 분입니다.

전기력선에 보이는 것들

다시 전기력 이야기로 돌아가 봅시다. 양전하와 음전하 사이에는 서로 잡아당기는 '인력'이 작용합니다. 같은 전하 사이에서는 미는 힘, '척력'이 작용하지요. 양전하와 양전하가 만나도, 음전하와 음전하가 만나도 서로 미는 겁니다. 이걸 화살표로 보기 쉽게 해놓은 것을 '전기력선'이라고 합니다. 그리고 전기력이 작용하는 범위를 '전기장'이라고 부릅니다. 전기장을 선과 화살표를 이용해 시각적으로 표현한 겁니다.

전기력선의 모양은 양전하와 음전하의 위치에 따라 달라집니다. 전기력선의 밀도(빽빽한 정도)는 그 위치에 놓인 전하가 얼마나 큰 힘을 받게 될지를 알려주죠. 또 전기력선의 방향은 그 위치에 양전하가 놓였을 때 어떤 방향으로 힘을 받게 될지를 나타냅니다. 따라서 전기력선을 알면 전기력이 미치는 공간, 즉 전기장이 어떻게 구성되어 있는지 확인할 수 있죠. 전기장 자체가 전기적 현상에서 매우 중요하기 때문에 제대로 이해해야 좋습니다.

전기장이 형성되면 이 전기장 안에 있는 입자의 움직임에 영향을 줄 수 있습니다. 전구에 불이 켜지는 과정을 예로 들어볼까요? 배터리의 양극과 음극은 전기장을 형성하여 전선 전체에 걸쳐 영향을 줍니다. 전선과 전구 내의 전자들은 평소에는 무작위로 움직이지만, 전기장의 영향을 받으면 일정한 방향으로 흐르게 됩니다. 전기장의 힘을 받아 전자들이 더 많은 에너지를 가지게 되면, 필라멘트 내에서 빠르게 이동하면서 주변 원자들과 충돌합니다. 이러한 충돌로 인해 열과 빛이 발생하죠. 이럴 때 반짝, 전구가 켜진다고 하는 겁니다.

◆ **전기력선과 전기장**

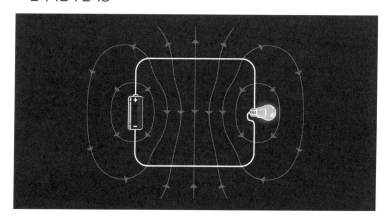

지금 말씀드린 내용은 알고 보면 진짜 재미있는 이야기입니다. 원래 그런 거라고 생각하실 수도 있지만, 사실은 굉장히 헷갈리기 쉬운 개념이거든요. 전자가 배터리 음극에서부터 전구까지 막 달려가서 이어달리기 배턴을 건네듯 에너지를 전달해서 전구가 반짝! 하고 켜지는 게 아닙니다. 실제로 전기 현상을 만들어내는 건 '보이지 않는 손'인 전기장입니다. 배터리는 회로 내의 전기장을 지속시켜주는 역할을 하는 것이고요. 배터리의 화학 에너지가 소모되면 전기장이 약해져 전류가 흐르지 않게 되는데요, 이때 '배터리가 다 닳았다'고 할 수 있는 것입니다.

지금까지 전기력과 전기장에 대해 간단히 설명을 드렸는데요, 지금부터는 자기력에 대해 말씀을 드리겠습니다.

닮은 듯, 다른
○ **전기력과 자기력**

자석과 전기

앞에서 네 가지 힘을 설명하면서 '전자기력'이라는 표현을 썼는데요, 말에서 드러나는 것처럼 자기력은 전기력과 밀접하게 관련되어 있습니다. 자기력은 쉽게 말해 자석처럼 자성을 띤 물체에 발생하는 힘이죠. '자석이 전기랑 무슨 상관이야?'라고 생각하실 수도 있겠네요. 옛날 사람들도 딱 그렇게 생각했습니다. 그래서 전기는 전기대로, 자기는 자기대로 따로 연구했지요. 그러다 그 두 가지가 사실 떼려야 뗄 수 없다는 관계라는 걸 알게 됩니다. 그것을 알게 된 게 불과 200년밖에 되지 않았습니다.

초등학교 때 자기력을 알아보는 실험, 한번은 해보셨을 겁니다. 준비물은 막대자석과 철가루 두 가지입니다. 막대자석에 철가루를 뿌리면 자기력이 작용해서 철가루가 배열됩니다. 자기장이 어떻게 형성되는지 눈으로 바로 볼 수 있죠.

◆ 막대자석과 철가루를 이용한 자기장 실험

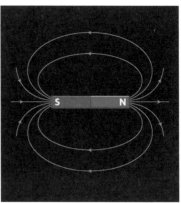

자기력은 N극에서 S극으로 흐른다

잠깐 자기력에 대해 알아볼까요? 자기장에서 자기력의 방향은 N
극에서 출발해서 S극으로 들어갑니다. N극은 북쪽*North*, S극은 남쪽
*South*을 가리키죠. 지구는 하나의 커다란 자석과 같습니다. 이런 생각
을 처음으로 한 사람은 16세기 영국의 물리학자 윌리엄 길버트*William*
*Gilbert*입니다. 그는 지구처럼 동그란 구형 자석으로 실험을 해서 지구
가 자석이라는 생각을 증명했습니다. 이전까지만 해도 사람들은 나
침반의 N극이 북쪽을 가리키는 이유가 '북극성이 잡아당겨서'라고
생각했어요.

지구가 거대한 자석이라면 나침반의 N극이 북쪽을 가리키는 이
유를 쉽게 설명할 수 있습니다. 나침반의 바늘은 자석입니다. 서로
다른 극끼리는 끌어당긴다고 했지요? 자석에서 빨간색, 즉 N극이

늘 북쪽을 향하는 이유는 북쪽이 S극이기 때문이죠. N극, S극은 사람 관점에서 방향을 따져 붙인 이름에 불과합니다.

자석을 끝없이 자르면 생기는 일

자기력은 전기력과 비슷한 성질을 갖고 있습니다. 물체의 자성이 강할수록 자기력은 강해지고, 자성을 띤 물체의 거리가 멀어질수록 자기력은 약해집니다. 반대 극은 서로 끌어당기지만, 같은 극은 밀어내죠. 그런데 비슷한 줄 알았던 전기력과 자기력 사이엔 아주 결정적인 차이점이 있습니다! 자석을 두 개로 쪼개보면 알 수 있죠. 과연 어떻게 될까요?

자석을 정확하게 절반으로 자르면 또다시 N극과 S극이 생깁니다. 계속 자르고 잘라도 계속 N극과 S극이 생겨나죠. 최대한 잘게 잘라 원자 크기만큼 쪼개도 이런 일이 반복된다면 어떻게 될까요? 원자 하나하나가, 전자 수준까지 쪼개도 아주 작은 자석이 될 수 있다는 뜻입니다. 이것이 자기력의 오묘함입니다.

그런데 전기력은 그렇지 않습니다. 음전하를 띤 입자와 양전하를 띤 입자를 떼어놓으면 한쪽은 음전하, 한쪽은 양전하 상태가 됩니다. 그걸로 전기장이 생기고요. 그러자 과학자들은 이런 의문을 품게 됩니다.

"자기장도 이렇게 특정한 극을 띠는 무언가가 만들어내는 게 아닐까?"

하지만 과학자들의 노력에도 불구하고 이 질문에 대한 해답은 아직 발견되지 않았습니다. 그렇다면 도대체 자기력과 자기장은 어디에서 오는 걸까요?

전기와 자기는
늘 붙어다니는 쌍둥이

전류가 흐르면 자기장이 생긴다

과학자들은 전기장을 만드는 전하처럼 자기장을 만드는 무언가를 발견하지는 못했지만 다른 중요한 사실을 알게 되었습니다. **전류가 흐르면 자기장도 같이 생긴다는 사실이었죠.** 전기와 자기가 연관되어 있다는 것! 앞에서도 말씀드렸지만 이것을 알게 된 것이 고작 200년 전인 19세기 초입니다.

1820년 덴마크의 코펜하겐 대학에서 물리학을 가르치던 한스 외르스테드*Hans Ørsted*는 강의를 하던 중 철사에 전류를 흘려보냈습니다. 그리고 철사 근처에 있던 나침반이 마치 살아 있는 것처럼 움직이는 것을 보았죠. 전기와 자기는 분리돼 있었는데 이상하게도 이 두 가지가 서로 영향을 준다는 걸 알게 된 거예요. 외르스테드는 이것에 착안해서 이후에도 비슷한 실험을 반복합니다. 그리고 전류가 흐르는 전선이 자기장을 형성한다는 사실을 확인하게 됩니다.

'전류는 전자의 흐름인데, 전자가 흐르니 자기장이 생긴다? 그럼 자기장을 만드는 다른 어떤 존재를 가정할 게 아니라, 이 전자라는 녀석이 전기장도 만들고 자기장도 만드는 게 아닐까?' 하는 생각까지 하게 된 것입니다. 다시 말해서 전기장과 자기장은 전자가 만들어내는, 마치 늘 붙어다니는 이란성 쌍둥이 같은 두 가지 현상이라는 걸 알아낸 것이죠. **전자 때문에 전기와 자기, 이것들이 전부 다 만들어지니까 그럼 두 가지를 따로 이해하지 말고 합치자! 해서 '전자기장'이라고 부르게 되었습니다.**

코일로 만드는 자석

외르스테드가 전류와 자석의 상호작용을 발견한 이후 프랑스의 과학자 앙드레 마리 앙페르*André Marie Ampère*가 빙글빙글 도는 전류가 자석과 똑같은 작용을 한다는 걸 발견했습니다. 저도 어릴 때 원통형 물건에 코일을 빙글빙글 감아서 자석을 만드는 실험을 했던 적이 있습니다. 지금도 초등학교 6학년 과정에 있더라고요. 코일을 감아서 전기에 연결하면 자석처럼 되는데, 전기로 자석을 만든다고 해서 '전자석'이라고 부릅니다. 그 코일에 전류가 흐를 때만 자석처럼 변하고, 코일을 많이 감을수록 자기장이 강해집니다. 코일을 여러 번 촘촘하게 감아놓은 것을 '솔레노이드'라고 합니다.

이렇게 만든 강력한 전자석이 우리 실생활에도 많이 활용되고 있어요. 쓰레기장에서 자석에 붙는 철 같은 금속이나 안 붙는 알루미늄 같은 금속을 구분할 때도 사용합니다. 금속만 딱 붙었다가 전류를 안 흘리면 훅 떨어지니까 편리하죠. 건강검진 할 때도 쓰입니다. CT는 방사선으로 몸의 내부를 촬영하지만, MRI는 전자석으로 강한 자기장을 형성한 다음 우리 몸속의 수소 원자핵을 자극해서 이미지를 얻어냅니다.

교통카드에는
왜 배터리가 없을까?

자석으로 전류를 만들다

전류로 자기장이 만들어지는 걸 알아낸 이후에 과학자들은 전기와 자기의 연관성을 더 깊이 연구하기 시작했는데요. 위대한 과학자 마이클 패러데이*Michael Faraday*도 그중 한 명이었습니다. 그는 가난한 대장장이의 아들로 태어나서 정규 교육을 거의 못 받았지만 이런저런 일을 하면서 틈틈이 실험도 하고 책도 읽으면서 자수성가한 분입니다. 그리고 굉장한 미남이었다고 하네요. 패러데이는 19살 때 영국왕립연구소에서 화학자 험프리 데이비*Humphrey Davy*의 강연을 듣고 자신의 연구 성과를 정리해서 데이비한테 보냈습니다. 그리고 조수로 채용되었죠. 이후 거의 50년 가까이 왕립연구소에서 연구를 하면서 수많은 업적을 남겼습니다. 그런데 패러데이는 수학에 그렇게 강하지 않았다고 해요. 그래서 수식으로 정리를 하는 대신 그림으로 남겼다고 합니다. 나중에 제임스 맥스웰*James Maxwell*이라는 초엘리트

수학 천재가 패러데이의 연구 성과를 이어받아서 전자기장 이론을 확립하는 '맥스웰 방정식'을 만들었죠.

패러데이가 연구를 하던 19세기 초중반, 과학계에서 뜨거웠던 주제는 전기와 자기였습니다.

"전류가 자석을 만들 수 있다면, 자석도 전류를 만들 수도 있지 않을까?"

패러데이는 이 가설을 무척 궁금해 했고, 과연 이게 가능할지 계속해서 실험했습니다. 성공할지 실패할지 한 치 앞을 알 수 없는 실험이었죠. 누군가는 10번 정도 하다가 안 되면 그만두기도 합니다. 그런데 패러데이는 10번, 100번이 아니라 무려 1만 번의 실험을 했습니다. 그리고 마침내 성공했죠. 지금 우리가 전기를 쓸 수 있는 것도 이런 노력 덕분이라고 할 수 있습니다.

전자기 유도 현상

코일을 돌돌 감아놓은 솔레노이드에 자석이나 전자석을 위아래로 왔다 갔다 움직이면 전류가 발생합니다. 자석이 움직이면 자기장도 맞춰서 변합니다. 이렇게 자기장에 변화를 주면 전류가 흐릅니다. 이것을 '전자기 유도'라고 하고, 이때 흐르는 전류를 '유도 전류'라고 부릅니다.

패러데이가 전자기 유도 현상을 발견한 것은 엄청나게 중요한 사

◆ 솔레노이드를 이용한 전자기 유도

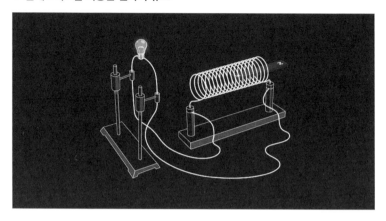

건입니다. 그전에는 전기를 만들 때 깨작깨작 만들었거든요. 마찰을 일으켜서 순간적으로 정전기를 팍! 만들거나 아니면 전지를 가지고 전기를 아주 조금 만드는 정도였죠. 그런데 패러데이가 전기를 쉽게 계속 만들 수 있는 방법을 찾아낸 겁니다. 지금 발전소에 있는 발전기도 모두 이 원리로 작동하고 있습니다. 코일 사이에서 자석을 돌리거나 자석 사이에서 코일을 돌리면, 코일을 통과하는 자기장이 시간에 따라 변하면서 전류가 만들어집니다. 풍력, 화력, 수력, 원자력 발전소도 자석이나 코일을 돌리는 동력이 어디에서 오느냐의 차이일 뿐 전기를 만드는 원리는 똑같습니다.

전자기 유도는 일상생활에서도 매우 중요한 원리입니다. 우리가 자주 쓰는 작은 물건에도 전자기 유도 현상이 숨어 있습니다. 바로 교통카드입니다. 교통카드에는 얇은 메모리칩이 들어 있습니다. 이

메모리칩 덕분에 정보를 저장하기도 하고 불러오기도 하는 거죠. 그런데 정보를 저장하거나 불러오려면 전기가 필요합니다. 카드에는 배터리가 없는데 어떻게 전류를 흐르게 할 수 있을까요? 교통카드를 갖다 대는 단말기 근처에 자기장이 지속적으로 변하고 있기 때문입니다. 자기장이 변하니까 교통카드 안의 코일에 전류가 유도돼서 메모리칩에 있는 정보를 읽어낼 수 있는 거죠.

휴대폰 무선 충전도 전자기 유도 현상을 이용한 것입니다. 충전기를 전원에 연결하면 충전기 안에 있는 코일에 전류가 흘러서 자기장이 발생합니다. 전기가 자기가 되는 것이죠. 이 자기장이 핸드폰 속에 있는 코일에 유도 전류를 발생시킵니다. 이번에는 자기가 전기가 됩니다. 충전기와 휴대폰의 코일 위치가 잘 안 맞으면 충전이 잘 안 되지만, 잘만 맞으면 충전 효율은 좋은 편입니다.

전자기 유도 현상을 이용한 놀이기구도 있습니다. 자이로드롭은 높은 곳에 올라간 다음 뚝! 하고 빠르게 떨어지다가, 도착 지점(아래)에선 갑자기 천천히 내려오죠. 원리는 이렇습니다. 사람이 앉는 좌석의 등받이 쪽에 자석이 있고, 기둥 맨 아래부터 3분의 1 되는 지점에 금속판이 있습니다. 자석이 금속판 가까이로 내려오면 금속판에 전류가 흐르는데요, 이 전류로 인해 떨어지는 자석을 밀어내는 자기력이 생깁니다. 그 힘 때문에 굉장히 빠르게 떨어지다가도 도착 지점에선 천천히 떨어질 수 있는 것입니다. 속도를 늦추기 위해서 따로 전기를 끌어다 쓰는 거라면 굉장히 다른 형태의 놀이기구가 되어

야겠죠? 이렇게 구조적으로 자석과 금속판이 감속을 해주니 얼마나 좋습니까. 혹시나 문제가 생겨서 정전이 일어나도 정상적인 경우엔 추락할 위험이 없다고 볼 수 있습니다.

고전물리학의
정점을 찍다

맥스웰의 전자기학

전기와 자기의 관계를 최종적으로 확실하게 정리한 끝판왕이 있습니다. 전자기가 서로 영향을 준다는 걸 넘어서 정확히 어떤 식으로 관계를 맺고 있는지 수학적으로 정리한 사람이죠. 바로 제임스 맥스웰입니다. 맥스웰은 전기와 자기 사이의 관계를 수학으로 정리하다가 아주아주 엄청난 걸 발견하게 됩니다. 맥스웰이 뉴턴과 함께 고전물리학의 투톱으로 손꼽히는 이유이지요. 아인슈타인 연구실에 맥스웰 초상화가 걸려 있었다는 것도 유명한 일화입니다. 도대체 무엇을 발견한 걸까요? 그걸 알기 위해서는 먼저 맥스웰 방정식을 살펴봐야 합니다.

맥스웰 방정식은 4개로 알려져 있습니다. 원래 맥스웰이 만든 건 더 많았지만 영국의 공학자 올리버 헤비사이드*Oliver Heaviside*가 4개로 간략하게 만들었습니다. 맥스웰 방정식은 다음과 같습니다.

첫 번째, 전기장의 근원은 전하다.

두 번째, 자기장은 근원이 없다.

세 번째, 자기장의 변화가 전기장을 만든다.

네 번째, 전류와 전기장의 변화가 자기장을 만든다.

생각보다 새롭지 않다고요? 사실 맥스웰이 새롭게 발견했다기보다는 남의 연구 결과를 공식으로 정리한 것들입니다.

빛의 정체

맥스웰이 단순히 남의 연구 결과를 공식으로 정리하는 데만 그쳤다면 그를 위대한 물리학자로 기억하진 않았을 겁니다. 맥스웰이 위대한 이유는 바로 이 지점입니다. 자신의 천재적인 수학 능력으로

◆ 맥스웰이 정리한 연구 결과들

$$\nabla \cdot E = \frac{\rho}{\varepsilon_0} \qquad \nabla \cdot B = 0$$

전기장의 근원은 전하다 　　　　　　 자기장은 근원이 없다

$$\nabla \times E = -\frac{\partial B}{\partial t} \qquad \nabla \times B = \mu_0 \left(J + \varepsilon_0 \frac{\partial E}{\partial t} \right)$$

자기장의 변화가 전기장을 만든다 　　 전류와 전기장의 변화가 자기장을 만든다

이 모든 식을 하나로 관통하려고 한 점이죠. 이것은 대학교 수학 시간에 배우는 과정이라 쉽지 않지만, 결론만 말씀드릴게요. 이 식들을 두 개 이상의 방정식을 묶는 연립 방정식으로 만들었더니 파동 방정식이 나왔다는 겁니다! 파동은 진동이 전달되는 건데요. 파동의 속도를 계산했더니 대략 초당 2억 9,979만 2,458미터……. 1초에 무려 지구를 일곱 바퀴 반이나 도는 속도가 나온 겁니다. 이 속도가 무엇을 의미하는지 아시나요? **바로 빛의 속도입니다.** 완전 소름! 전기와 자기의 방정식을 풀었는데 빛의 정체를 알게 된 겁니다. 빛이 바로 전기와 자기가 진동하는 전자기파의 하나라는 걸 알아낸 것이죠. 오직 수학만으로요!

이 발견이 얼마나 어마어마했냐면, 당시 물리학자들이 이제 더 이상 할 게 없다고 입을 모아 말할 정도였습니다. 고전물리학의 완성! 정점을 찍은 대사건이었죠. 하지만 우리는 알고 있습니다. 과학은 여기에서 멈추지 않았다는 것을요. 20세기와 함께 찾아온 현대물리학의 혁명은 바로 이 빛에서 시작합니다. 다음으로는 현대물리학의 두 축, 양자역학과 상대성이론 이야기를 들려드리겠습니다.

04

양자역학과 상대성이론,
과학 천재들이 쌓아 올린 두 기둥

드디어 기다리던 시간이 왔습니다. 이름만으로 모든 걸 압도하는 양자역학과 상대성이론을 만날 시간입니다! 어렵지만 흥미롭고, 이해하기는 힘들지만 한 번 빠지면 헤어나오기 어려운 치명적인 매력을 가진 분야가 바로 이 현대물리학입니다. 제가 고등학생일 때는 물리II까지 공부해도 양자역학이나 상대성이론에 대한 내용이 없었습니다. 현대물리학의 두 기둥이라고 불리는데 말입니다. 그런데 요즘 고등학교 교과서에는 실려 있더라고요. 세상이 참 많이 변했습니다. 우리는 이렇게 조금씩 발전해 가고 있습니다.

양자역학은 눈에 보이지 않는 미시세계의 법칙을 다룹니다. 전자의 위치가 확률로 표현되고, 빛이 입자이면서도 파동으로 행동하는 등 우리의 상식을 뛰어넘는 놀라운 현상들을 설명하지요. 반면에 상대성이론은 광대한 우주의 구조와 시간을 바라보는 방식을 완전히 바꾸어 놓았습니다. 시간과 공간이 상대적이고, 중력이 공간의 휘어짐이라는 개념을 소개하면서 우주에 대한 이해를 혁신적으로 발전시켰습니다.

얼핏 들으면 허황된 이야기처럼 들리는 이 두 이론은 이제 현대물리학의 근간이며 우리의 일상에도 큰 영향을 미치고 있습니다. 예를 들어, 반도체와 레이저 같은 현대기술은 양자역학의 원리를 기반으로 하고, GPS 위성에 정확한 위치 정보를 제공하기 위해서는 상대성 이론의 효과를 고려해야 하죠.

오늘도 복잡하고 난해해 보이는 이 이론들을 최대한 쉽고 재미있게 풀어보려고 합니다. 현대물리학이 우리에게 어떤 놀라운 세계를 보여주는지 함께 탐험해 봅시다.

반전의 반전,
○ 빛의 정체를 찾아서

입자인가 파동인가, 그것이 문제로다

앞에서 큰 존재감으로 등장했던 제임스 맥스웰을 기억하시나요? 한 천재 과학자가 오직 수학 방정식만으로 빛의 정체를 밝히는 소름 끼치는 순간이 있었죠. 빛! 빛이 과연 뭘까요? 이 질문에 대한 답을 찾아가는 과정에서 탄생한 것이 바로 현대물리학입니다. 여러분은 빛에 대해서 얼마나 알고 계신가요?

빛의 본질에 대해서는 머나먼 과거부터 많은 주장이 있었습니다. 크게 두 개의 파가 있었는데요. 빛이 '입자'라고 생각한 사람들과 '파동'이라고 생각한 사람들이었습니다. 인류가 낳은 위대한 과학자 아이작 뉴턴은 여기서도 등장합니다. 17세기, 뉴턴은 빛이 입자로 되어 있다고 주장했습니다. 입자는 작은 알갱이를 말하죠. 뉴턴은 무지개도 빛 알갱이가 여러 색깔로 되어 있기 때문에 다양한 색으로 보인다고 생각했습니다.

반대 의견도 있었죠. 뉴턴과 동시대에 살았던 네덜란드의 과학자 크리스티안 하위헌스Christiaan Huygens는 빛이 파동이라고 주장했습니다. 한 곳에 생긴 진동이 주변으로 퍼져나가는 걸 '파동'이라고 합니다. 빛에다가 빛을 쐈을 때 사방으로 튀어 나가지 않고 사악 지나가니까 입자가 아니고 파동이라고 말한 것이죠. 하위헌스의 주장이 먼저였지만 당시에는 빛이 입자라는 뉴턴의 의견이 좀 더 우세했습니다. 그렇게 빛의 입자설이 이어지던 어느 날, 이것을 뒤집는 대사건이 벌어집니다.

"빛은 더 볼 것도 없이 파동이다!"

이렇게 논란을 잠재워버린 역사적인 실험이 등장한 겁니다. 19세기 초, 영국의 과학자 토머스 영Thomas Young이 한 '이중 슬릿 실험'입니다. 과학의 역사에 정말 수많은 실험이 있었지만 빛의 이중 슬릿 실험은 언제나 레전드로 손꼽힙니다. 과학자들이 너무나 사랑하는 실험이에요. 2002년 영국물리학회에서 인류 역사상 가장 아름다운 실험 1등으로 선정되기도 했었죠. 이 실험을 이해하려면 파동의 성질을 알아야 합니다.

파동의 특성을 알아보는 아주 간단한 실험이 있습니다. 수조에 물이 담겨 있다고 상상해 보세요. 실로폰 막대 2개를 왼손에 하나, 오른손에 하나 쥐고 있다가 왼손에 쥔 실로폰 막대로 물을 내려치면, 한쪽에 파동이 생깁니다. 그 다음 오른쪽 막대를 내려쳐 다른 쪽에도 파동을 만듭니다. 두 개의 파동이 합쳐지겠죠? 파동의 모양이 어

떻게 될까요? 굵어졌다가 아무것도 없는 듯 보이다가, 다시 굵어졌다 하는 식으로 드문드문 형태가 나타납니다. 두 파동의 범위와 방향이 같으면 진동이 커지고, 범위와 방향이 반대면 상쇄돼서 진동이 작아지기 때문입니다. 조금 어려운 표현으로는 '보강 간섭', '상쇄 간섭'이라고 합니다. 파동의 중요한 특징이 파동끼리 만났을 때 생기는 간섭 효과입니다.

역사상 가장 아름다운 실험

토머스 영의 이중 슬릿 실험은 빛을 스크린에 통과시키는 실험입니다. 슬릿은 기다란 틈을 말하는데, 이 슬릿이 두 개여서 이중 슬릿입니다. 가운데 두 군데가 뚫린 금속 스크린에 빛을 쏴서, 뒤쪽의 벽에 어떤 무늬가 나타나는지 실험했습니다. 만약 빛이 입자라면 벽에는 슬릿 모양 그대로 딱 두 줄의 밝은 선이 보여야겠죠. 실제로 어떤 일이 생겼을까요? 선명한 두 줄의 선이 아닌 진해졌다 흐려졌다 하는 여러 개의 줄무늬가 나타났습니다. 과학자들은 이게 무슨 무늬인지 보자마자 알았습니다. **바로 파동의 패턴이었죠.**

앞에 나왔던 파동 실험을 다시 보면 물결이 잘 보였던 곳과 안 보였던 곳이 있었습니다. 이게 벽에 가서 닿는다고 생각하면 파동이 강해지는 곳은 밝은 줄무늬가, 파동이 약해지는 곳은 어두운 줄무늬가 생긴다고 할 수 있죠. **빛이 입자라면 있을 수 없는 일입니다.** 파동이라서 이런 무늬가 나올 수 있는 것이죠. **결과적으로 이중 슬릿 실험은 빛이 파동이라는 걸 똑똑히 보여주는 실험이 되었습니다.**

◆ **빛의 이중 슬릿 실험**

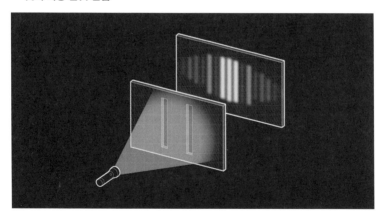

반전을 불러온 광전 현상

그런데 또 한 번 반전이 일어납니다. '빛은 파동'이라고 정리되는 줄 알았던 빛의 정체가 또다시 미궁에 빠지고 말았던 겁니다. 빛이 파동이라면 도무지 설명할 수 없는 현상이 나타났기 때문이죠. '광전 효과'라고 불리는 현상입니다.

광전 효과는 주파수 단위인 헤르츠(Hz)의 어원이 된 독일의 물리학자 하인리히 헤르츠*Heinrich Hertz*가 처음 발견한 현상입니다. **금속 같은 물질에 빛을 쪼이면 금속 내부에서 돌아다니던 전자가 에너지를 얻어서 밖으로 튀어나오는 현상을 말하죠.** 전자가 발견되기 전에는 '빛을 쪼이면 희한하게 전기가 흐르더라' 정도로 이해하고 있었던 현상입니다. 토머스 영의 실험을 보면 빛은 묻고 따질 것도 없이 파동입니다. 그런데 파동이라는 것은 세기가 세지거나 진동을 많이 하면 에너지가 커져야 합니다. 무슨 말이냐면 빛을 금속에 오래 쪼여주면, 파동의 진동수가 작아도 금속에 에너지가 흡수되니까 시간이 지나면 전자가 튀어나와야 한다는 말입니다.

하지만 실제로 실험을 해보니 전혀 다른 결과가 나왔습니다. **빛의 세기가 아무리 약해도 빛의 진동수만 충분하면 전자가 바로 튀어나오고, 진동수가 작으면 아무리 빛을 오래 쪼여도 전자가 튀어나오지 않았습니다.** 파동의 특성만 가지고는 광전 효과를 완벽하게 설명할 수가 없었던 것이죠. 과학자들의 머릿속이 얼마나 복잡했을까요? 하나를 밝혀놓으면 하나가 설명이 안 되고, 이제 다 설명된 줄 알았는데 다시 처음으로 돌아가니 엄청나게 골치아플 수밖에 없는 상황이었죠. 바로 이 대목에서 제가 좋아하는 영화 「인터스텔라」의 명대사가 떠오르는군요. "우리는 방법을 찾을 것이다. 늘 그래왔듯이(We will find a way. We always have)."

광전 현상을 설명하기 위해 한 명의 젊은 구원투수가 등장합니다. 희대의 천재, 알베르트 아인슈타인이었죠. 아인슈타인은 빛에 입자의 성질이 있다고만 하면, 파동으로 설명할 수 없는 광전 현상이 쉽게 설명된다고 했습니다. **빛이 입자스러운 뭔가로 이루어져 있다면! 빛의 진동수가 클 때 입자의 에너지도 커져서 금속의 전자를 탁 쳐서 내보낼 것이라고 했죠.** 파동으로는 해석할 수 없던 것들이 순식간에 해결된 겁니다. 제 생각에 아인슈타인은 두뇌 회전이 정말 좋기도 했지만 엄청나게 배짱이 큰 사람이었던 것 같습니다. 20대의 젊은 과학자가 파동이 대세인 학계에서 이런 주장을 했다니 엄청난 배짱이죠. 아인슈타인이 혁신의 아이콘인 이유는 천재성도 천재성이지만, 기존의 통념을 거스르는 데 주저함이 없었기 때문이 아닌가 싶습니다.

빛을 입자의 성질을 띤 무언가로 보는 것을 '광자', 혹은 '광양자Light quantum'라고 하는데요, 이 광양자로 광전 효과를 잘 설명한 덕분에 아인슈타인은 1921년에 노벨물리학상을 받게 됩니다. 상대성이론이 아니라 이걸로 상을 받았어요. 그렇다면 빛은 입자라는 걸까요? 도대체 어떻게 결론이 났을까요?

빛과 전자의
두 가지 얼굴

빛의 이중성

아인슈타인의 광양자설 이후 과학자들은 빛은 파동으로도 충분히 설명되지 않고, 입자로도 충분히 설명되지 않는다는 걸 받아들이게 됩니다. **빛은 파동의 관점으로 보면 전자기파이고, 입자의 관점으로 보면 광양자입니다.** 파동으로 설명되지 않을 땐 입자로 하면 설명이 되고, 입자로 설명되지 않을 땐 파동으로 하면 설명이 됩니다. 즉, 빛은 파동이기도 하고 입자이기도 하면서 두 가지 다 아니기도 한 거죠. 이것을 '빛의 이중성'이라고 합니다.

"아니, 이게 뭐예요! 답답해요! 왜 둘 중의 하나가 아닌 거죠? 그래서 결론이 뭐예요?"

이중성은 무슨 이중성이냐며 도무지 무슨 소린지 모르겠다고 생각하실 수도 있습니다. 하나로 딱 결론 내고 싶은 게 우리의 본성이기도 하니까요. 하지만 생각해 보자고요. 우리를 둘러싼 자연조차 우주에서는 아주 작은 존재일 뿐입니다. 하물며 우주의 법칙이 인간의 상식에 맞게 작동해야 할 이유가 있을까요? 그래야 하는 이유는 없습니다. 언젠가 세상의 모든 비밀이 과학으로 풀릴 수 있을지는 저도 모르겠지만, 현재 우리의 인식 체계로는 '빛은 이중성을 지니고 있다'라고 인정하는 게 가장 과학적이고, 가장 최선이라고 생각합니다. 무엇보다 이런 이중성을 인정하고 접근하면 자연 현상을 성공적으로 예측하고 설명할 수 있습니다.

전자의 이중 슬릿 실험

이렇게 빛의 이중성을 받아들이면서, 과학자들은 또 다른 궁금증이 생겼습니다.

"혹시 빛만 그런 게 아니라 다른 물질도 이중성을 가진 건 아닐까?"

20세기 초, 프랑스에 루이 드 브로이*Louis de Broglie*라는 물리학자로부터 시작된 질문이었죠. 풀 네임이 무려 루이 빅토르 피에르 레몽 드 브로이*Louis Victor Pierre Raymond de Broglie*입니다. 이름이 무척이나 길지요? 역대 과학 분야 노벨상 수상자 중에서 가장 높은 신분의 귀족이라고 합니다. 드 브로이는 '입자로 알고 있는 물질도 혹시 파동의 성질을 띠는 게 아닐까?' 하는 생각을 했습니다. 그래서 모든 물질이 파동의 성질을 가진다는 '물질파'의 개념을 제안하죠. 그런데 그는 실험 물리학자가 아니라 이론 물리학자였기 때문에 이 생각은 한참이 지나서야 실험으로 입증되었습니다.

1961년, 독일의 과학자 클라우스 욘손*Claus Jönsson*이 토머스 영의 빛의 이중 실험처럼 아주 작은 전자를 이중 슬릿에 통과시키는, 전자를 이용한 이중 슬릿 실험을 합니다. 결과가 어땠을까요? 입자로만 알고 있었던 전자가 드 브로이의 예상처럼 파동 패턴을 그려냈습니다. 전자가 100퍼센트 입자라면 슬릿을 통과한 후에 두 개의 줄이 생겨야 하지만, 실제로는 파동 특유의 간섭 효과가 패턴으로 나타난 것이죠. **결국 빛도 전자도, 입자와 파동 둘 다의 성질을 가지고 있다는 사실이 밝혀진 겁니다.**

바꿔 말하면 '여러분과 저, 우리를 이루는 입자들 모두가 파동'이라는 놀라운 결과가 나온 겁니다. 그러니까 빛도 파동, 전자도 파동, 연필도 파동, 고양이도 파동이라는 거예요. 우리의 몸을 파동의 복잡한 결합으로 바라볼 수 있다는 거죠. 이런 편견 없음이야말로 과학의 진정한 매력 아닐까요?

세계 최고 두뇌들의 발견,
양자역학

재미있는 양자역학의 세계

입자는 입자, 파동은 파동인 세상에서만 살던 인류가 입자와 파동의 경계가 모호한 세상을 만나게 됩니다. 뉴턴의 운동 법칙으로 설명되던 세상에서 살던 인류가, 이제 설명할 수 없는 방식으로 움직이는 원자와 전자의 세계를 알게 됩니다. **눈에 보이는 거시세계의 법칙으로는 전혀 설명이 안 되는 미시세계를 설명하기 위해 새로운 물리학이 필요해진 거죠. 그래서 나온 게 바로 '양자역학'입니다.**

양자역학! 처음부터 지금까지 바로 이 양자역학을 위해 달려왔다고 해도 과언이 아닙니다. 많이 들어봤지만 정확하게 뜻을 아는 사람은 적을 겁니다. 사실 꼭 알아야 하는 건 아니죠. 들어도 이해가 안 될 수도 있고요. 하지만 조금이라도 알아두면 나쁠 게 없습니다. 내가 양자역학을 약간이라도 안다? 얼마나 뿌듯해요. 그러니까 포기하지 마시고 한번 이해하려고 노력해 보시면 좋겠습니다.

우선 '양자量子'의 뜻풀이부터 해보지요. '양이 많다', '양이 적다'고 할 때의 '양量' 자에 낱개를 이르는 '자子' 자가 합쳐진 말입니다. 물리학에서 측정하거나 계산할 수 있는 양을 '물리량'이라고 합니다. 속도, 온도 등은 우리가 측정할 수 있죠. 그런 게 바로 물리량입니다. 이 물리'량'이 마치 입'자'처럼 띄엄띄엄 나뉘어 있는 최소 단위가 바로 양자입니다.

예전에는 원자나 전자 같은 입자는 따로따로 띄엄띄엄 있어도, 속도나 온도 같은 물리량은 1, 1.1, 1.11, 1.111…… 이런 식으로 빈 곳 없이 이어지는 연속적인 값이라고 생각했습니다. 그러다 알게 된 겁니다. 눈에 보이는 거시세계에선 연속적인 것 같지만, 미시세계로 들어가면 물리량도 마치 입자처럼 1, 2, 3…… 이런 식으로 불연속의 띄엄띄엄한 값을 가진다는 것을요. '자세히 보아야 아름답다'가 아니라 '자세히 봤더니 띄엄띄엄하다'가 되었다고나 할까요. 이런 생각의 연장선상에서 물리량은 0이 될 수 없다는 것도 알게 됩니다.

최대한 쉽게 푼다고 풀었지만 솔직히 어려운 이야기입니다. 이럴 때 방법이 있습니다. '쉽지 않다', '어렵다'라고만 생각하기보다 '재밌다'고 생각해 보는 겁니다. 제가 한 이야기가 아니라 손흥민 선수가 한 이야기입니다.

"축구하는데 잔디가 안 좋아? 그럼 좋다고 생각하면 돼."

여러분, 마음이 중요한 겁니다. 양자가 뭔지 계속 생각하다 보면 언젠가 이해할 날이 오지 않을까요?

지상 최고의 정모

역사적으로 너무나 중요하고 유명한 사진이 있습니다. 1927년 10월 5차 솔베이 회의 참가자들의 사진인데 양자역학에 대해 이야기할 때면 거의 빠지지 않고 등장하죠. 솔베이 회의는 벨기에의 세계적인 화학기업 '솔베이'라는 회사의 창업자인 에르네스트 솔베이 *Ernest Solvay*가 과학 발전을 위해서 설립한 학회입니다. 그 학회가 다섯 번째 열렸을 때 찍은 사진이에요. 과학자들은 이 사진을 보면 누구든 가슴이 웅장해질 수밖에 없는데요, 사진에 있는 29명 중에서 17명이 노벨상 수상자입니다. 이 사진이 왜 '지상 최고의 정모'라고 불리는지 이해가 되시죠?

막스 플랑크*Max Planck*(맨 아랫줄 왼쪽에서 두 번째), 알베르트 아인슈타인(맨 아랫줄 정중앙), 루이 드 브로이(가운데 줄 오른쪽에서 세 번째), 에르

◆ **지상 최고의 정모**

빈 슈뢰딩거Erwin Schrödinger(맨 윗줄 정중앙), 베르너 하이젠베르크Werner Heisenberg(맨 윗줄 오른쪽에서 세 번째), 닐스 보어Niels Bohr(가운데 줄 맨 오른쪽)처럼, 양자역학과 관련된 지상 최고의 과학자들이 다 모여 있습니다. 이때가 고전물리학과 현대물리학의 과도기였기 때문에 양자역학의 토대를 닦았음에도, 양자역학을 끝까지 못 받아들인 분도 있습니다. 하지만 이분들 모두가 양자역학의 발전에 기여했다는 사실에는 변함이 없지요.

5차 솔베이 회의가 유명해진 이유 중 하나는 '코펜하겐 해석' 때문입니다. 덴마크 코펜하겐 출신의 과학자 닐스 보어가 들고 나온 아이디어라서 '코펜하겐 학파의 해석', '코펜하겐 해석' 이런 식으로 불립니다. 이것 때문에 코펜하겐 학파와 아인슈타인이 격론을 주고받으면서 수많은 일화가 탄생했죠. 도대체 코펜하겐 해석은 무엇이고, 회의장에선 무슨 일이 있었던 걸까요?

불확정성과 확률이 존재하는 곳, 미시세계

눈으로 보이는 거시세계의 작동 원리를 설명하는 고전역학은 물체의 상태나 현상을 정확한 위치나 속도 값으로 딱 찍어서 계산합니다. 원인이 정확하게 있으면 결과도 인과관계에 의해서 정확히 예측할 수 있죠. 하지만 눈에 보이지 않는 미시세계는 거시세계와는 많이 다릅니다.

일단 미시세계는 측정해야 하는 대상이 너무 작다는 게 문제입니다. 물체가 어디서 어떻게 움직이는지를 측정하려고 빛을 쏘는 순간, 그 작은 측정 대상이 영향을 받아버리기 때문입니다. 이러한 측정의 방해가 없더라도 미시세계는 근본적으로 불확정성을 가지고 있는데요, 이게 아주 중요합니다. 미시세계에서는 특정 쌍의 물리적 특성(예: 위치와 운동량)을 동시에 정확히 알 수 없습니다. 입자가 '입자'와 '파동' 두 가지 성질을 모두 가지기 때문이지요. 따라서 미시세계에서 나타나는 현상을 처음부터 끝까지 완벽하게 관찰하는 것은 불가능합니다. 그렇다면 무엇이 가능할까요? 미시세계에서 일어나는 일의 확률을 계산하고, 이를 바탕으로 시스템의 상태를 예측하고 묘사할 수 있습니다. 예를 들어, 전자의 위치와 운동량을 동시에 정확히 알 수는 없지만, 전자가 특정 위치에 있을 확률이나 특정 운동량을 가질 확률을 계산할 수 있죠.

코펜하겐 해석에 따르면 미시세계는 불확정성과 확률의 지배를 받습니다. 하지만 아인슈타인은 자연을 확률로 이해한다는 걸 받아들일 수가 없었죠. 과학자라면 확실한 답을 찾아야 한다는 마음이었는지도 모릅니다. 그래서 그 유명한 말을 남기기도 했습니다.

"신은 주사위 놀이를 하지 않는다 God does not play dice.**"**

그런데 닐스 보어는 그 말을 듣고 시원하게 받아쳤다고 합니다.

"신에게 이래라저래라 하지 말라 Einstein, Stop telling God what to do.**"**

안 그래도 싸한 분위기가 더 싸해졌겠죠? 학회가 끝났을 때, 둘의 대결은 보어의 판정승으로 정리가 됐습니다. 하지만 아인슈타인의 마음도 이해는 됩니다. 지금 들어도 난해한 코펜하겐 해석이 고전물리학 끝물이었던 당시엔 더 이상하게 보였을 겁니다.

아인슈타인뿐만이 아니라 에르빈 슈뢰딩거라는 천재 과학자도 양자역학에 의구심을 갖고 있었습니다. 전자의 위치를 계산해 보려고 파동함수라는 것도 만들었죠. 나중에는 '슈뢰딩거의 고양이'라는, 양자역학을 지적하기 위한 사고실험까지 제안합니다.

이 사고 실험은 방사선 계수기가 설치된 밀폐된 방 안에 확률적으로 방사선을 방출하는 방사성 원소를 넣고, 방사능이 검출될 때 독극물이 방출되어 고양이가 사망하도록 만든 것입니다. 이 경우, 코펜하겐 해석에 따르면 슈뢰딩거의 고양이는 밀폐된 상자 안에서 방사성 원소의 붕괴 여부에 따라 살아있거나 죽어있는 상태가 동시에 중첩된 양자 상태에 있게 됩니다. 즉, 고양이는 살아있기도 하고 죽어있기도 한 것입니다. 양자역학의 원리를 고양이로 확장시키니 상당히 모순적으로 들리죠? 하지만 이는 실제로 미시세계에서 일어나는 일입니다.

본의 아니게 슈뢰딩거의 고양이는 양자역학의 본질을 보여주는 좋은 예시로 꼽히면서 양자역학의 상징이 되었습니다. 심지어 슈뢰딩거가 만든 파동함수는 코펜하겐 해석을 옹호하는 과학자들에 의해서 전자의 위치가 아니라, 전자가 거기 있을 확률을 나타내는 확률함수로 둔갑해 버립니다. 뉴턴의 운동 법칙이 거시세계의 운동을 설명하는 공식이라면, 슈뢰딩거 방정식은 (애초 그의 의도와는 다르게) 양자역학의 대표 공식이 된 것이죠.

현대물리학의 근간인 양자역학은 세계 최고의 두뇌들이 했던 고뇌를 고스란히 담고 있습니다. 그리고 지금까지 100년째 별다른 이견이나 오류 없이 유지되고 있지요. 반도체, 레이저, LED 같은 것들이 대표적인 양자역학의 산물입니다. 그럼 양자역학이 지금의 현대 사회를 가능하게 했다고 봐도 무방하지 않을까요?

영화에 등장하는
'상대성이론' 바로 알기

아인슈타인의 상대성이론

양자역학과 함께 현대물리학을 떠받치고 있는 또 다른 기둥이 있습니다. 바로 그 유명한 아인슈타인의 상대성이론입니다. 우리는 상대성이론 덕분에 내비게이션을 보고 길을 찾아갈 수 있습니다. GPS는 위성에서 정보를 받는데, 위성과 지상의 시간이 다르게 흐르기 때문에 시간 보정을 해야 합니다. 바로 여기에 일반상대성이론이 적용됩니다.

아인슈타인의 상대성이론은 '일반상대성이론'과 '특수상대성이론'으로 나뉩니다. 무슨 차이가 있을까요? 단어만 보면 특수가 일반보다 특수하게 더 어려울 것 같은 느낌이죠. 그런데 실제로는 반대입니다. 특수상대성이론은 특수한 조건 아래에서만 성립하는 이론이라서 상대적으로 더 단순합니다. 일반상대성이론은 온 우주에 일반적으로 적용할 수 있는 이론이라서 더 까다롭고 어렵지요.

특수상대성이론의 전제 조건

특수상대성이론은 2가지 전제를 필요로 합니다. 하나는 갈릴레이가 말한 '상대성원리'입니다. 상대성원리는 상대성이론과는 다른 것입니다. 그냥 예전부터 자연스럽게 해오던 생각이라고 보시면 됩니다. 예를 들어볼까요? 배를 타고 움직인다는 느낌이 드는 작은 배 말고, 같은 속도로 유유히 움직이는 커다란 크루즈를 타고 있다고 생각해 봅시다. 배는 우회전도, 좌회전도 안 하고 일직선으로만 쭉 움직이고 있습니다. 그런 배 안에서 식사도 하고, 복도도 걷고, 잠도 자고, 책도 본다면, 그때 작용하는 물리 법칙이 배가 멈춰 있을 때랑 다를까요? 배가 멈췄는지, 아니면 움직이는지도 구분하기 어려울 만큼 똑같은 물리 현상이 나타날 겁니다. 적어도 내 기준에서 봤을 땐 똑같죠. 이게 상대성원리입니다. **등속직선운동을 하거나 정지한 상태, 즉 관성 상태에서는 동일한 물리 법칙이 적용된다는 것입니다.**

특수상대성이론의 또 다른 조건은 뭘까요? 빛의 속력은 언제나 같다는 겁니다. 보는 사람에 따라서 느리게 보이거나 빠르게 보일 수 없다는 거예요. 상대성원리랑은 결이 많이 다르죠. 관찰자가 달라도 빛의 속력은 같다는 거니까요. 빛이 왜 상대적이지 않은지, 빛의 속력과 관련해서 앨버트 마이컬슨*Albert Michelson*과 에드워드 몰리 *Edward Morley*가 실험을 했습니다. 원래는 빛의 매질을 찾아내려고 한 실험이었죠. 매질은 파동이 전달되는 물질입니다. 예를 들면 물결이라는 파동은 물이라는 매질을 통해서 전달되죠. 소리라는 파동은 공기라는 매질을 통해서 전달되고요.

그럼 빛은 어떨까요? 빛은 진공에서도 전달되기에 매질이 공기는 아니라는 뜻이니 뭔진 모르겠지만 가상의 매질이 있을 거라고 생각한 겁니다. 그 가상의 매질을 '에테르'라고 불렀습니다. 마이컬슨과 몰리는 에테르를 찾는 실험을 했고 그들이 얻은 결과는 이랬습니다.

"빛의 매질은 없고 빛의 속력은 같다."

원하던 에테르의 존재를 입증하지 못했으니 완전히 실패한 실험입니다. 하지만 물리학적으로 워낙 성과가 컸기 때문에 이것으로 노벨물리학상을 탔습니다. 빛의 속력은 변하지 않는다는 것도 알게 되고 노벨상도 타다니, 실패가 항상 실패는 아닌 법입니다.

상대성원리와 광속도 불변의 원리. 아인슈타인은 두 가지 원리를 바탕으로 특수상대성이론을 완성합니다. **우리가 늘 절대적이라고 여겼던 시간과 공간이, 사실은 관찰자마다 다르게 관측될 수 있다는 것, 그리고 시공간이 서로 독립적이지 않고 연결되어 있다는 것을 알게 해준 이론이죠.** 각종 영화의 소재로 쓰이는 게 충분히 이해가 될 만큼 흥미로운 아이디어입니다.

시간의 상대성

시간과 공간, 다시 말해서 시간과 거리가 보는 사람에 따라 달라지는 결정적인 이유는 무엇일까요? 빛의 속력이 어디서나 같다는 대전제 때문입니다. 속력의 공식 기억나시나요? 속력은 시간 분의 거리, 즉 거리를 시간으로 나눈 값입니다. 그런데 속력이 같다고 한다면 시간이나 거리 중 하나의 값이 달라졌을 때 다른 값도 필연적으로 같이 달라져야 합니다. 그것이 '시간 지연'과 '길이 수축'의 근본적인 원인입니다.

먼저 '시간 지연'이 뭔지 간단히 알아볼까요? V의 속력으로 움직이는 우주선 안에서, 빛을 위로 쏜 다음 거울에 반사되어 돌아오는 것을 관찰한다고 상상해 봅시다. 우주선 안에서 보면 빛은 우주선의 높이만큼 위아래로 왕복 운동을 합니다(아래 그림 참고). 하지만 우주선 밖에서 보면 빛은 오른쪽 그림과 같이 사선으로 이동해서 우주선의 높이보다 먼 거리를 이동하죠. 그런데 빛의 속력은 우주선 안에서 보든 우주선 밖에서 보든 같아야 합니다. 더 긴 거리를 더 긴 시

◆ 시간 지연을 보여주는 두 사건 사이의 시간 간격(우주선 안)

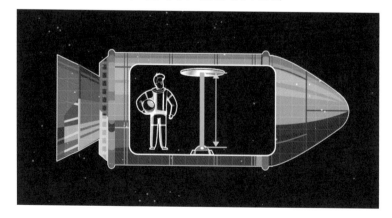

◆ 시간 지연을 보여주는 두 사건 사이의 시간 간격(우주선 밖)

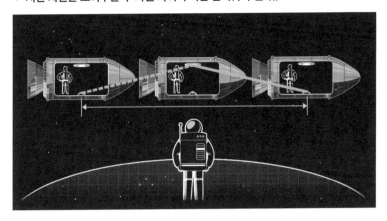

간에 걸쳐서 갔다고 해야 하죠. 즉, 밖에 있는 사람이 우주선 내부에서 일어나는 일을 관찰할 때, 실제 우주선 내부에서 경험하는 시간보다 시간이 더 길게 걸리는 것(=더 느린 것)처럼 느끼게 되는 것입니다. 이를 '시간 지연'이라고 합니다.

길이의 상대성

길이도 시간처럼 상대적일 수 있습니다. 우주선이 지구에서 어떤 별로 이동한다고 가정해 봅시다. 시간 지연에 의해 지구에서 관찰하고 있는 지구의 관찰자에게는 우주선 내부의 시간이 느리게 흘러갑니다. 따라서 지구의 관찰자는 우주선 안에 있는 사람이 지구를 출발하고 별에 도착하기까지에 경험하는 시간보다 더 오랜 시간이 흘

렀다고 보게 됩니다. 반대로 생각하면, 우주선 안에 있는 사람 입장에서는 지구의 관찰자가 생각하는 것보다 별에 도착하는 데 걸린 시간이 더 짧게 걸린 것이죠. 그런데 우주선 속력은 똑같은 V입니다. 거리는 속력 곱하기 시간이기 때문에 시간이 짧아지면 거리도 줄어듭니다. **즉, 우주선 입장에서는 지구와 별 사이의 거리가 더 짧아진 것을 경험하게 되는 것이죠.** 이것을 '길이 수축' 현상이라고 합니다.

보는 사람에 따라 시공간이 늘어났다 줄어들었다 하는 것은 이미 여러 사례로 입증이 됐습니다. 그런데 여전히 영화에서나 가능한 비현실처럼 느껴지는 이유는 무엇일까요? 앞에서 예시로 든 우주선으로 비유해서 설명해 보겠습니다. 우주선은 V라는 속력으로 이동하고 있습니다. **수학적으로는 V가 빛의 속력에 가까워질수록 시공간이 드라마틱하게 달라집니다. 하지만 우리가 알고 있는 움직이는 물체의 속력은 대부분 빛에 비해 턱없이 느리죠.** 그래서 평생 저런 현상을 체감하기 힘든 것입니다.

시공간이
휘어 있다?

일반상대성이론

시공간 개념을 뒤바꾼 특수상대성이론을 발표하고 10년쯤 지난 후에 아인슈타인은 또 하나의 엄청난 이론을 가지고 왔습니다. 특수상대성이론의 한계를 보완한 일반상대성이론이었죠. 등속 운동을 하거나 정지해 있는 관성 상태에서의 현상만이 아니라 **가속 운동까지 포함한, 일반적으로 우주에 적용될 수 있는 현실적인 이론**을 갖고 온 것입니다. 일반상대성이론은 기존의 중력 개념을 완전히 바꿔놓았습니다.

뉴턴의 중력은 서로 끌어당기는 힘입니다. 지구가 사과를 끌어당겨서 사과가 떨어지고, 지구와 달은 서로 잡아당깁니다. 하지만 아인슈타인은 **끌어당기는 힘이 따로 있는 게 아니라 우주의 시공간이 휘어져 있다고** 말했습니다. 와우!

우주의 시공간을 스타킹에 비유해 볼까요? 질량이 큰 천체는 스타킹을 푹 파이게 할 겁니다. 질량이 작은 천체는 상대적으로 푹 파이는 정도가 덜하겠죠. 잠깐, 부디 오해하지 않았으면 합니다. 우주의 시공간이 진짜 스타킹 같다는 게 아닙니다. 3차원 공간의 왜곡을 묘사하기가 힘들기 때문에 2차원적인 면으로 설명하는 것이니까요.

질량이 큰 천체 때문에 왜곡된 공간으로 어떤 물체가 다가온다고 칩시다. 물체가 그냥 공간을 따라가기만 해도 결과적으로는 방향을 바꾸면서 천체 주변에서 가속 운동을 하게 됩니다. 방향이 바뀌면 속도도 바뀌니까 가속 운동입니다. 이 물체가 이렇게 운동하는 이유를 천체가 잡아당기기 때문이라고 말할 수 있을까요? 그저 시공간이 휘어 있을 뿐입니다. 중력이라는 개념이 없어도 우주에서 벌어지는 일을 설명할 수 있게 된 겁니다. 심지어 중력으로 설명하지 못하는 미스터리도 일반상대성이론의 공식으로 설명할 수 있습니다.

◆ **우주의 시공간이 스타킹이라면?**

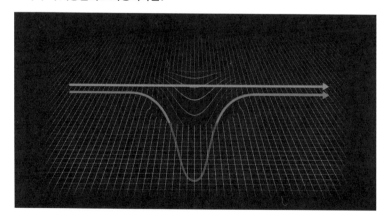

이렇게 왜곡되는 것을 단순히 '공간'이라고 하는 게 아니라 '시공간'이라고 부르는 이유가 있습니다. 빛을 대입해 보면 조금 더 쉬워집니다. 빛은 직진 운동을 합니다. 질량이 큰 천체 주변에서 크게 왜곡된 공간을 만나면 이 공간을 따라 운동하겠죠. 본의 아니게 휘어져서 더 긴 거리를 진행할 거고요. 그런데 빛은 항상 속력이 같습니다. 거리가 길어진다는 건 시간도 더 걸린다는 뜻이죠. 다시 말해서 시간이 느려지는 겁니다.

　질량이 말도 못 하게 극단적으로 높은 천체가 있다고 상상해 봅시다. 시간이 아주아주 느리게 흐르겠죠. 시공간이 엄청나게 푹 파여서 빛도 들어갔다 나올 수가 없는 곳, 그게 바로 블랙홀입니다.

　일반상대성이론을 접하고 나면 혼란을 느낄 수도 있습니다. 사실 지구 정도의 스케일에서 일어나는 일을 설명하는 데는 뉴턴의 중력도 크게 문제가 없으니까요. 아인슈타인의 일반상대성이론은 우주적인 스케일 정도는 되어야 정확하게 설명할 수 있습니다.

　여기까지 과학의 근본, 물리학의 주요 개념들을 살펴보았습니다. 뉴턴부터 시작해서 아인슈타인까지! 숨 가쁘게 달려왔네요. 이제부터는 물리학에서 매우 중요한 원자 이야기와 함께 주기율표, 그리고 화학 이야기를 시작하겠습니다.

Part 2

×

세상을 이루는
숨은 퍼즐

화학

여러분은 물 한 잔을 마시면서 그 속에 얼마나 많은 비밀이 숨어 있는지 생각해 보신 적 있으신가요? 투명하고 평범해 보이는 물 한 잔에도 수없이 많은 원자와 분자들이 존재합니다. 놀랍게도 물을 이루는 원자는 폭탄의 재료가 되는 '수소'와 우리가 숨 쉴 때 필요한 '산소'로 구성되어 있습니다. 이렇게 같은 원소들이 어떻게 결합하느냐에 따라 완전히 다른 성질을 가진 물질이 탄생하게 됩니다.

과거로 눈을 돌려볼까요? 옛사람들은 세상의 비밀을 풀고자 연금술에 몰두했습니다. 연금술사들은 납을 금으로 바꾸고, 영원한 생명을 얻는 엘릭서를 만드는 것을 꿈꾸며 수많은 실험을 했습니다. 당대의 위대한 과학자였던 아이작 뉴턴도 예외는 아니었습니다. 뉴턴은 수학과 물리학에서 혁혁한 공로를 세웠지만, 한편으로는 연금술에 깊은 관심을 가지고 많은 시간을 투자했습니다. 그의 노트에는 연금술 관련 실험과 이론들이 가득했지요. 물론 성공하지는 못했지만요.

오늘날 우리는 광석에서 금속을 추출하고, 도기에 유약을 발라 아름다운 도자기를 만들며, 맥주와 와인을 발효시켜 맛있는 음료를 즐깁니다. 또 석유를 추출하고 플라스틱을 합성해서 일상생활에서 사용하는 다양한 제품을 만들어내죠. 이 모든 것이 바로 화학과 화학공학의 결과물입니다. 화학은 물질의 성질과 그 변화를 연구하는 학문으로 우리 주변의 모든 것을 이해하고 활용하는 데 필수적인 역할을 합니다. 연금술사들의 호기심과 열정이 현대화학과 화학공학으로 이어져, 우리가 사용하는 거의 모든 물건에 영향을 미치고 있는 것이죠.

우리가 매일 먹는 소금은 왜 물에 쉽게 녹을까요? 왜 얼음은 물 위에 뜰까요? 나무는 힘을 주면 부서지는데 철은 왜 쉽게 휘어질까요? 이러한 모든 현상은 눈에 보이지 않는 작은 원자와 분자들이 어떤 원리로 세상을 구성하고 있는지를 이해함으로써 알 수 있습니다. 이번 시간에도 마찬가지로 복잡한 이론과 공식은 잠시 접어두고, 일상 속 흥미로운 이야기로 화학의 세계를 쉽게 이해할 수 있도록 안내해 드리겠습니다.

05

원자,
가장 작은 것을 향한 여정

세상에 존재하는 모든 물질은 상상을 초월할 만큼 작은 입자인 원자로 이루어져 있습니다. 물 한 방울부터 우리가 숨 쉬는 공기부터 우리 몸까지, 모든 것들은 원자들의 결합으로 이루어져 있죠. 원자들은 마치 레고 블록처럼 모여서 세상의 모든 물질을 만들어냅니다. 그렇다면 한 가지 더 생각해 볼까요?

　우리가 평소에 접하는 물건들, 자연 속 동식물들, 그리고 우리 인간들까지, 이 모든 게 현재 알려진 약 118종의 원자들이 모여서 만들어진 것입니다. 흥미로운 점은 이 원자들조차도 더 작은 단위로 나눌 수 있다는 사실입니다. 양성자, 중성자, 그리고 전자로요. 결국 방금 말씀드린 약 118종의 원자들도 이러한 기본 입자들로 구성되어 있는 겁니다. 놀랍지 않나요? 우리가 보는 모든 것들이 이렇게 단순한 몇 가지의 입자로 이루어져 있다니요. 이런 발견은 나아가 서로 다른 원소들이 어떤 관계를 맺고, 어떻게 반응할지를 예측할 수 있는 중요한 도구, 즉 주기율표의 탄생으로 이어졌습니다.

주기율표는 물질의 지도와 같습니다. 원소들이 어떤 규칙에 따라 배열되고, 그들의 성질이 어떻게 변화하는지를 한눈에 보여주죠. 주기율표의 등장은 그저 원소들을 분류한 것에 그치지 않고, 물질의 구조와 성질을 이해하는 데 엄청난 혁신을 가져왔습니다. 우리가 마시는 물은 수소(H)와 산소(O)라는 두 가지 원소의 결합으로 이루어져 있는데, 이 작은 원자들이 만나면 생명의 필수 요소인 물이 만들어집니다. 그뿐만 아니라 우리가 사용하는 금속, 플라스틱, 그리고 의약품도 원자들의 배열과 화학 반응을 통해 만들어지죠. 이 모든 과정을 설명할 수 있는 건 바로 주기율표 덕분입니다.

주기율표가 도입되기 전에는 화학적 성질을 설명하거나 예측하는 것이 어려웠지만, 이제는 원소들이 예측한 방식으로 상호작용한다는 것을 알게 되었죠. 이를 통해 우리는 다양한 과학적 발견을 가능하게 만들었습니다.

이제부터 원자란 무엇인지부터 시작해, 우리가 일상에서 만나는 물질들이 원자와 원소들의 어떤 반응을 통해 형성되는지 배워볼 것입니다. 또한, 주기율표의 역사적 의미와 발전 과정을 함께 살펴보며, 우리가 살고 있는 세상의 기본 단위들이 과학적 체계 속에서 어떻게 발견되고 이해되었는지 깊이 탐구해 볼 것입니다.

세상은 무엇으로
이루어졌을까?

지구 최후의 날, 마지막 한마디

본격적으로 화학 이야기를 시작하기 전에 질문을 하나 드려볼게요. 만약 1년 뒤에 지구 문명이 모조리 파괴되고, 그동안 인류가 쌓아왔던 모든 문명과 지식이 더 이상 세상에 존재하지 않는다면?! 이런 절체절명의 상황에서 우리가 후세를 위해서 딱 한 마디만 남길 수 있다면, 여러분은 어떤 문장을 남기실 건가요?

현대물리학에 뛰어난 업적을 남긴 천재 과학자 리처드 파인만 *Richard Feynman*은 이런 답변을 남겼습니다.

"모든 것은 원자로 이루어져 있다."

진짜 뼛속까지 과학자죠. 그만큼 과학에서 원자는 몇 번을 강조해도 지나치지 않는다는 의미로 해석할 수 있습니다.

"물질을 이루는 최소 단위가 무엇일까?"

이 질문은 오랫동안 과학의 중요한 연구 대상이었습니다. 지금은 원자보다 작은 입자들도 많이 밝혀졌지만 그전까지 원자는 물질을 이루는 최소 단위였지요. 원자. 학교에서 분명히 배우셨을 겁니다. 그런데 기억이 가물가물하지요? 그럴 수밖에 없는 게 원자뿐만 아니라 원소도 있고 전자, 중성자, 양성자, 분자 등 비슷한 단어들이 많으니 복잡하고 구분이 잘 안 가기도 합니다. 그래서 일단 개념부터 정리하고 시작하려고 합니다.

　우선, 원자란 무엇일까요? 결론부터 말씀드리면, 원자의 과학적 정의는 계속 변해왔기에 아직도 최종적으로 정의를 내렸다고 확언하긴 어렵습니다. 아래 원자 모형의 변천사만 봐도 얼마나 많은 변화가 있었는지 아시겠죠? 자, 그럼 이제부터 원자라는 개념이 어디서 시작됐는지부터 본격적으로 살펴보겠습니다.

◆ **원자 모형의 변천사**

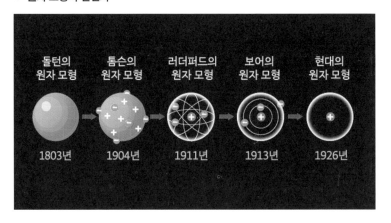

124

원자, 다시 세상에 나타나다

세상을 이해하려고 하면 근본적인 질문을 하게 됩니다.

"세상은 무엇으로 이루어졌을까?"

고대 그리스의 철학자 데모크리토스_Democritos_는 물질을 나누다 보면 더 이상 나눌 수 없는 알갱이, 원자에 도달한다고 주장했습니다. 세상은 이런 원자_Atom_와 빈 공간_Void_으로 이루어졌다는 게 그의 생각이었는데요. 실험을 통해서 도달한 결론은 아니고 철학의 연장선상에서 생겨난 개념입니다. 원자는 '더 이상 쪼갤 수 없다'라는 뜻의 그리스어 아토모스_Atomus_에서 유래된 말이죠. 그런데 이런 데모크리토스의 생각은 아리스토텔레스처럼 쟁쟁한 철학자들이 주장한 세상 만물이 물, 불, 흙, 공기로 이루어졌다는 4원소설에 밀려 주목을 받지 못하고 잊혀졌습니다.

사람들에게 잊혔던 데모크리토스의 원자 개념이 다시 등장한 건 2천 년이 지나서였습니다. 19세기 초 영국의 과학자 존 돌턴_John Dalton_이 '모든 물질이 더는 쪼갤 수 없는 원자로 이루어져 있다'라는 주장을 다시 들고 나오면서부터였죠. 돌턴이 그런 생각을 하게 된 이유는 데모크리토스 이후로 2천 년 동안 과학이 발전을 하면서, '질량 보존의 법칙', '일정 성분비 법칙' 같은 과학적 법칙들이 발견됐기 때문입니다.

질량 보존의 법칙은 물질과 물질이 화학 반응을 일으킬 때, 반응 전의 질량과 반응 후의 질량이 같다는 법칙입니다. 일정 성분비 법칙은 두 개 이상의 물질이 한 화합물을 만들 때 그 비율이 일정하다는 법칙이지요. **이 법칙들이 서로 모순되지 않으려면 셀 수 있는 원자 개념이 필요했습니다.** 그래서 돌턴은 만물이 원자로 구성되어 있다는 원자설을 주장하게 된 것이죠.

당시에는 원자가 더 이상 쪼개지지 않는 단단한 공과 같이 생겼다고 추측했습니다. 제일 작은 거니까 엄청 작은 공 모양일 것이라고 상상한 것이죠. 이후로 원자가 물질을 이루는 가장 작은 입자라는 개념이 100년 정도 이어졌습니다. 19세기 말 영국의 과학자 조지프 톰슨_Joseph Thomson_이 나타나기 전까지요.

톰슨, 새로운 관점을 던지다

톰슨은 실험을 바탕으로 원자 모형을 제안했습니다. '음극선 실험'이라는 것인데요, 진공관 안에 특정한 금속으로 음극과 양극을 두고 전압을 강하게 걸어주면 음극에서 양극으로 빔이 쭉 나갑니다. 원래대로라면 그냥 금속 안에 있을 뭔가가 전압을 세게 걸어주면 튀어나오는 것이죠. 그게 음극선입니다. 음극에서 나오니까 음극선이라고 심플하게 이름을 붙였어요.

당시 대부분의 과학자들은 음극선을 그냥 빛이라고 생각했습니다. 그런데 톰슨은 음극선을 그냥 광선이 아니라 '입자'의 흐름이라는 관점에서 접근했습니다. 역시 역사에 발자취를 남긴 사람들은 뭐가 달라도 다른 것 같네요. 그렇게 톰슨은 새로운 관점으로 음극선을 연구하다가 음극선의 특징을 몇 가지 발견합니다.

가장 중요한 것은 어떤 금속으로 실험해도 결과가 같았다는 점입니다. 음극선은 기본적으로 직진을 하는데, 경로에 양극과 음극을 갖다 대면 양극 쪽으로 휘는 거죠. 음극선이 음의 전하를 띠고 있다는 의미입니다. 또 음극선 경로에 바람개비를 두면 바람개비가 돌아갑니다. 질량이 없으면 바람개비가 돌아갈 일이 없겠죠. 음극선에 질량이 있다는 뜻입니다. 한마디로 금속에서 뭔가가 음극선 형태로 나왔는데, 그 무언가가 **'음전하를 띠고 가벼운 질량을 가졌다'**라는 것입니다.

'음전하를 띤 작은 입자!' 뭔가 생각나지 않나요? 톰슨이 발견한 입자들은 우리가 '전자'라고 부르는 것이었죠. 그러니까 음극선이 곧

◆ **톰슨의 음극선 실험**

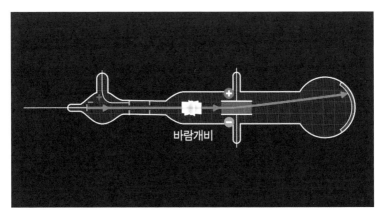

바람개비

127

전자인데, 당시에는 전자라는 이름을 아직 붙이지 않았던 겁니다.

그런데 음극선의 성질을 정리해 보면 이상한 점이 있습니다. 음극선은 음전하를 띤 작은 입자들이라고 말씀드렸죠. 그런데 이것이 들어 있던 금속의 원자는 전기적으로 중성입니다. 이게 도대체 무슨 말일까요?

돌턴이 제시한 단단한 공 같은 원자 모형은 톰슨의 실험 결과를 설명할 수가 없었습니다. 그래서 톰슨은 공 모형이 아닌 다른 형태를 제시했죠. 원자는 양전하를 띤 푸딩 같은 형태에, 작은 질량을 가진 음전하의 전자가 건포도처럼 콕콕 박혀 있는 모양일 거라고 상상했습니다. 그러면 원자 전체는 중성이 되니까요. 보통 과학은 어떤 논리나 사실로만 이루어진 냉철한 학문이라고 생각하는 경우가 많은데요, 아주 틀린 말은 아니지만 이렇게 가설이나 이론을 만들어내는 걸 보면 과학에도 기발하고 새로운 상상력이 많이 필요한 것 같습니다.

원자 모형의 세대교체

여기에서 멈추지 않고 새로운 실험을 하고, 거기에서 또 놀라운 결과가 나오는 건 더 대단한 일입니다. 톰슨의 원자 모형은 불과 10여 년 만에 새로운 모형으로 바뀌면서 세대교체됩니다. 톰슨의 원자 모형을 갈아치운 사람은 그의 제자, 어니스트 러더퍼드*Ernest*

*Rutherford*였습니다.

러더퍼드의 실험도 정말 대단합니다. 이 실험은 '휴지 조각에 대포를 쐈는데 튕겨 나온 것'과 같은 결과가 나왔다고 해서 유명하죠. 휴지 조각에 대포를 쐈는데 튕겨 나왔다고? 정말 말도 안 되는 일인데요, 그런 일이 일어난 것 같은 충격을 안겨준 실험이었다는 말입니다.

이제 러더퍼드의 실험을 설명해 보겠습니다. 우선 '알파입자 (He2+)'라는 입자를 금박에 쏩니다. 알파입자는 전자의 7,000배 정도 되는 무거운 질량에, 양전하를 띤 입자입니다. 만약 톰슨이 생각한 대로 원자가 '양전하를 띤 푸딩에 음전하를 띤 전자가 건포도처럼 콕콕 박혀 있는 모양'으로 생겼다면, 알파입자를 쐈을 때 그냥 직진으로 금박을 통과하겠죠. 대포가 푸딩을 뚫고 지나가는 것처럼요. 실제로 실험을 했더니 대부분 그냥 통과했습니다. 아니 그럼, 도대체 뭐가 문제였을까요?

문제는 아주 일부의 입자가 금박을 통과하지 않고 튕겨 나왔던 겁니다! 그냥 튕겨나오는 정도가 아니라 거의 90도의 큰 각도로 휘어서 튕겨 나왔죠. 이게 무슨 뜻일까요? 혹시 상상이 가시나요? 러더퍼드는 **'원자 안의 아주 작은 영역에 원자의 질량 대부분이 몰려 있는 뭔가 작고 강력한 게 있다'**라는 결론을 내렸습니다.

그것이 바로 '원자핵'입니다. 러더퍼드가 탄생시킨 원자 모형은 여러분에게도 익숙한 형태일 겁니다. 양전하를 띤 원자핵이 중심에 있고 그 주위를 음전하를 띤 전자가 도는 모형이지요. 나머지는 빈 공간이고요.

불확정성이야말로 우리의 현실이다

그런데 이것도 최종 모형이 아니었습니다! 또 바뀌거든요. 러더퍼드가 스승 톰슨의 이론을 발전시킨 것처럼 러더퍼드의 제자인 닐스 보어가 이 모형을 한층 업그레이드 시킵니다. 앞에서 말씀드렸듯 닐스 보어는 양자역학 분야에서 아주 중요한 역할을 한 과학자입니다. 영화 「오펜하이머」에도 나오죠.

보어는 전자가 원자핵으로부터 일정한 거리를 두고, 원형의 궤도 위에서 움직인다고 주장했어요. 1913년에 발표한 이론이니 러더퍼

◆ 러더퍼드 원자 모형(왼쪽)과 보어 원자 모형(오른쪽)

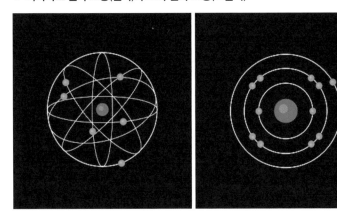

드 모델을 불과 2년 만에 수정한 셈이죠. 기본적으로는 러더퍼드처럼 원자핵이 중앙에 있고 전자가 그 주변에 존재하는 형태였습니다. 그런데 왜 굳이 새로 만들었을까요? 이유는 두 가지였습니다. 하나는 원자 안에 빈 공간이 많은데 음전하를 띤 가벼운 전자가 양전하를 띤 묵직한 원자핵에 빨려들지 않고 텐션을 유지하면서 원자 형태를 지속하는 것을 설명하기 위해서였고, 또 하나는 수소 기체의 띄엄띄엄한 선 스펙트럼을 설명하기 위해서였습니다.

보어는 전자가 궤도와 궤도 사이를 순식간에 이동하지만, 기본적으로 정해진 궤도에 따라 움직인다고 생각했습니다. 그러면 앞의 고민이 해결됩니다. 이론상으로 특정한 전자의 궤도를 가정한 것이죠. 이 전자의 궤도를 알아내기 위해서 보어를 비롯한 과학자들은 전자의 위치와 움직임을 정확히 측정하려는 노력을 무수히 많이 했습니다. 그런데 아무리 해도 위치와 운동량을 정확하게 측정할 수가 없었어요. 왜냐하면 전자 측정에는 파동을 이용하는데, 전자가 너무나 작기 때문에 측정하려고 하면 파동의 영향을 받아서 움직여 버리는 거예요. 정확하게 관찰이 안 되는 것이죠.

위치를 재려고 촘촘한 파동을 쓰면 전자가 움직여버려서 운동량의 오차가 늘어나고, 널널한 파동을 쓰면 위치의 오차가 늘어나니까 일정한 오차 이내로 오차 범위를 줄일 수가 없었던 거죠. 결국 '전자가 어디 있는지, 얼마나 빨리 어떻게 움직이는지 인간이 정확히 알기는 어렵다'라는 결론에 도달합니다. 여기에서 나온 것이 독일의 물리학자 베르너 하이젠베르크가 주장한 '불확정성의 원리'입니다.

전자의 위치나 속도를 정확히 알기 어려운 이유가 혹시 측정 기술의 문제였을까요? 하이젠베르크는 단순히 측정 기술의 한계에서 오는 문제가 아니라, 기술의 발전과는 무관하게 양자세계에 대한 관측 행위가 만들어내는 본질적인 특성 때문이라고 말했습니다. 다시 말해서 **불확정성은 우리가 눈에 보이지 않는 세계를 관측하려고 할 때 필연적으로 일어나는 일이라는 것이죠.** 그렇다면 그것을 있는 그대로 인정하는 게 우리가 할 수 있는 일이자 과학이라고 생각했습니다. 보어도 하이젠베르크와 같은 입장이었습니다.

"이것이 확실하다"라고 말하는 게 아니라 "불확실하다"라고 말하는 게 과학 이론이라니 쉽게 이해가 안 가실 거예요. 실제로 아인슈타인이나 슈뢰딩거는 엄청나게 반발했습니다.

"아무도 달을 보지 않으면 달이 거기 없는 거냐?"

아인슈타인은 이런 말까지 했지요. 하지만 불확실하다는 점까지 과학의 이름으로 포용한 이 혁신적인 발상의 전환은 지금까지 큰 이변 없이 이어져 오고 있습니다.

원자의 최종 모형을 찾아서

최근의 원자 모형은 이른바 구름 모형입니다. 원자핵 주변에 정확히 전자가 어디 있는지 특정할 수 없으니까 전자가 있을 확률로 모형을 만든 것이죠. 확률을 무수한 점으로 표현해 찍어 보면 원자핵 주변으로 전자가 구름처럼 퍼져 있는 모형이 되는 겁니다. 이때 원자핵 주위에서 전자가 발견될 확률을 나타낸 함수를 '오비탈' 또는 '궤도 함수'라고 부른다는 점까지 알려드립니다.

고대 그리스 때나 지금이나 원자는 딱히 달라진 게 없을 수도 있습니다. 하지만 원자를 이해하려는 과학의 노력이 원자 모형의 변화로 드러나고, 바로 이런 힘이 우리를 과거에서 현재로 이끄는 게 아닐까요? 과학은 단지 학교에서 억지로 공부해야 하는 한 과목이 아니라 인류의 뜻깊은 여정이자 세상의 본질을 찾는 과정이라는 것을 여러분도 느껴보시면 좋겠습니다.

◆ 현대의 구름 모형

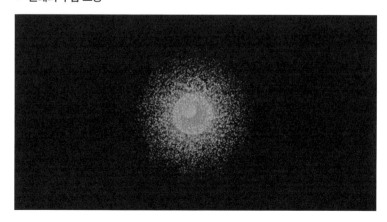

엄청 작은 알갱이
파헤치기

원자의 구조

이번에는 원자의 구조에 대해 살펴보겠습니다. 전자, 양성자, 중성자, 분자, 원소 같은 개념이 서로 어떻게 다르고 어떻게 연관되어 있는지도 함께 살펴보도록 하지요. 이미 원자 모형의 변천사를 보셨기 때문에 어렵지 않으실 거예요.

일단 크기를 말씀 안 드릴 수가 없는데요, 원자는 엄청 작습니다. 물질을 쪼개고 쪼개서 더 이상 쪼개지지 않을 정도가 된 알갱이니까 당연히 매우 작겠죠. 원자 하나의 지름은 대체로 1센티미터의 1억분의 1입니다. 1억 배를 곱해야 1센티미터가 된다는 겁니다. 그런데 원자핵은 그 작은 원자보다 더 작죠. 원자핵의 지름은 원자 지름의 1만 분의 1에서 10만분의 1 정도입니다. 1센티미터 기준으로 하면 원자핵의 크기는 1센티미터의 1조분의 1보다도 작습니다. 하지만 이 조그만 원자핵이 원자 전체의 질량 중에서 99.9퍼센트 정도를 차지합니다. 원자를 야구장 크기로 늘린다고 하면, 원자핵의 크기는 야구장 한가운데 있는 개미 한 마리 정도 되는데, 그 개미 한 마리의 무게가 야구장 무게의 대부분을 차지하는 상황입니다.

양성자와 중성자, 그리고 원소

원자의 구조는 원자 모형에서 보신 대로입니다. 원자의 중심에는 양전하를 띤 원자핵이 있고, 그 주변에서 음전하를 띤 전자가 빠른 속도로 움직이고 있습니다. 실제로 빠른 속도로 움직인다기보다는 '확률적으로 존재한다'는 게 좀 더 정확한 표현이죠.

그럼 양성자와 중성자는 뭘까요? 원자 중심에 있는 원자핵도 사실은 둥그런 공 모양이 아닙니다. 쉽게 도식화하면 원자핵은 양성자와 중성자가 서로 달라붙은 형태입니다. 수소 같은 원자는 원자핵이 양성자 하나로 이뤄져 있지만, 대다수의 다른 원자들은 양성자와 중성자가 합쳐져서 원자핵을 이룹니다. 아까 원자핵은 양전하를 띤다고 말씀드렸죠. 이때 원자핵이 양전하를 띠게끔 하는 입자를 '양성자'라고 부르고, 전기적으로 중성인 입자를 '중성자'라고 부릅니다.

여기서 한 가지 더 알려드리면, 원자는 전기적으로 중성입니다. 원자핵 속에 양전하를 띤 양성자와 원자핵 바깥에 음전하를 띤 전자의 개수가 똑같기 때문이지요. 그래서 어떤 원자의 양성자 개수를 알면 전자의 개수도 알 수 있습니다.

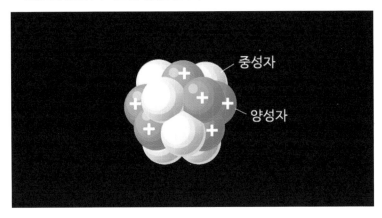
◆ 양성자와 중성자가 서로 달라붙은 원자핵

중성자

양성자

　원소는 원자랑 비슷하면서 다릅니다. 원자가 물리적인 원자 입자 하나하나를 말하는 거라면, 원소는 원자의 화학적인 특성을 감안한 추상적인 개념입니다. 예를 들어 바구니에 5개의 사과가 있다고 생각해 봅시다. 사과 하나하나를 원자라고 치면 사과 원자가 다섯 개 있다고 말할 수 있죠. 하지만 사과 원소 5개가 있다고 표현하진 않습니다. **원소는 실제 입자가 아니라 개념이라서 숫자로 셀 수 있는 게 아니거든요.** 그냥 '바구니에 사과라는 원소가 있다'고 말하는 겁니다.

물질의 성질을 갖는 분자

　분자는 원자들이 합쳐져서 생기는 입자입니다. 우리가 물질이라고 할 때 물질의 성질이 있잖아요? 그런 **성질을 갖게 되는 가장 작은**

단위가 분자입니다. 쉽게 예를 들어볼게요. 여러분 H_2O 기억나시나요? H_2O는 물 분자입니다. H는 수소 원자이고 O는 산소 원자입니다. 수소 원자 2개와 산소 원자 1개가 합쳐지면 물의 특성을 갖는 물 분자 1개가 됩니다. 우리가 생각하는 물의 특성이 있잖아요. 투명하고 다양한 물질을 녹일 수 있는 것들이요. 그러한 특성은 개별 원자 수준에서는 나타나지 않습니다. 원자들이 결합하여 물 분자를 형성할 때 비로소 나타나는 것이죠. 한 가지 더 생각해 볼까요? 산소 분자는 O_2입니다. 산소 원자 2개로 이루어졌단 뜻이죠. 산소 원자 2개가 합쳐져서 우리가 아는 산소의 성질을 띤 산소 분자 1개가 되는 겁니다.

원소, 원자, 분자 개념은 지금 중학교 2학년이 배우는 개념입니다. 초등학교 때는 분자가 제일 작은 단위라고 배워요. 물질의 성질을 띠게 되는 가장 작은 단위는 맞으니까 초등학생은 이만큼만 배워도 충분하다는 뜻이겠죠. 가장 작은 입자로 양성자, 중성자까지 다뤘지만 실은 이보다 더 작은 '쿼크' 같은 입자도 있습니다. 작은 입자에 대한 연구는 지금도 과학에서 계속되고 있지요.

Mg(마그네슘), Ca(칼슘), Zn(아연) 등의 원소 기호는 매일 꼬박꼬박 영양제를 챙겨 드시는 분들에겐 낯설지 않을 겁니다. 꼭 영양제가 아니더라도 학교에서 주기율표 같은 걸 배웠기 때문에 어렴풋이 기억날 수도 있으실 텐데요, 원소 기호를 외우는 데 바빠서 정작 주기율표가 무엇인지 정확히 모르실 수도 있을 것 같아요. 주기율표란 무엇이고 왜 생겼을까요? 원소, 원자와 아주 밀접한 관련이 있는 주기율표 이야기를 해드리겠습니다.

만물을 만드는 재료, 주기율표에 담다

주기율표 이해하기

지구상 물질은 모두 원자로 이루어져 있고, 이 원자들이 다양한 조합으로 합쳐져서 세상 만물이 만들어집니다. 그럼 과연 세상엔 원자가 몇 종류나 있을까요? 그러니까 원소가 몇 개나 있을까요? 이게 또 과학자들의 관심사였습니다. 지금도 계속 연구하고 있는데 현재까지 나온 원소의 종류는 총 118개입니다. 지구상 모든 물질을 만드는 재료니까 엄청나게 많을 것 같은데 생각보다 개수가 적다고 생각하실 수도 있겠네요. 118개의 원소 중에서 92번 우라늄까지는 자연계에서 발견한 원소이고, 이후의 것들은 과학자들이 인공적으로 만들어낸 원소입니다. 이 원소들이 우리가 '주기율표'라고 부르는 표에 정리되어 있습니다.

주기율표는 세상에 존재하는 원소를 정리해 놓은 것입니다. 그런데 과학자들이 어떤 사람들이죠? 아무 생각 없이 마구잡이로 정리하는 사람들이 절대 아닙니다. 그들은 일정한 규칙성에 따라 원소를 정리하기 위해 많이 노력했습니다.

그러던 중 1869년 러시아의 화학자 드미트리 멘델레예프_Dmitrii Mendeleev_가 원소를 표로 정리하는 기본 틀을 만들었습니다. 원소를 원자의 상대적인 질량에 따라서 정리했지요. 그런데 이렇게 정리하는 과정에서 원소가 '주기적으로' 비슷한 특성을 갖게 된다는 것을 발견했습니다. 그래서 주기율표라는 이름이 나오게 된 것입니다.

꿈에서 발견한 주기율표

멘델레예프의 아버지는 유리 공장을 하셨습니다. 그래서인지 그는 어릴 때부터 화학에 관심이 많았죠. 커서는 러시아의 상트페테르부르크 대학 화학과 교수가 되었습니다. 평소 카드 게임을 즐겨 하던 멘델레예프는 원소의 이름, 질량, 성질 등을 종이에 적고, 카드 게임을 하듯 비슷한 특징을 가지는 원소들을 묶어보려고 했죠. 학생들에게도 카드 게임을 제안했습니다. 규칙성을 찾아서 배열해 보라고요. 그런데 이게 녹록지 않았던 겁니다. 교수도, 학생도 답을 찾지 못한 채 시간만 흘러갔죠. 그러던 어느 날 멘델레예프가 자다가 꿈을 꿨습니다. 꿈에서 자신이 고민했던, 원소의 규칙성이 반영된 주기율표의 모습을 본 겁니다! 꿈에서 깨자마자 그대로 옮겨 적었는데 이것이 현재 주기율표의 기본 틀이 되었습니다. 얼마나 열심히 생각했으면 꿈에까지 나왔겠어요. 이렇게 미쳐있어야 뭐가 돼도 되는 건가 봅니다.

그런데 원소 질량으로 표를 정리하다 보니, 주기적으로 비슷한 경향성이 나타나긴 하지만 꼭 그런 것은 아니라는 것을 알게 되었습니다. 여기서 벗어난 것들도 간간이 나오곤 했거든요. 멘델레예프가 연구하던 때는 세상에 알려진 원소 개수가 60개를 조금 넘는 수준이었습니다. 어쩔 수 없이 비워놓은 칸도 있었죠. 멘델레예프는 아직 발견되지 않은 원소를 미리 예언하기도 했습니다. 나중에 실제로 발견된 원소도 있는데요, 그중 하나가 저마늄입니다. 멘델레예프가 '에카-실리콘'이라고 불렀던 가상의 원소가 실제로 발견돼 '저마늄'이라는 이름을 갖게 되었죠. 저마늄이라니, 처음 들어보는 이름인가요? 게르마늄이라고 하면 친근하실 거예요.

잠깐 재미있는 이야기 좀 하고 갈까요? 예전에 과학 교과서에 있던 용어들이 요새 제법 바뀌었습니다. 2005년에 독일식이나 일본식으로 명명됐던 교과서 용어들을 미국식으로 교체해서 그렇다고 합니다. 대표적인 것이 요오드입니다. 과거에는 요오드라 불렀지만 지금은 아이오딘이라고 표기합니다. 부탄가스, 메탄가스 할 때 부탄이나 메탄도 이제는 뷰테인, 메테인 이렇게 부릅니다. 다른 예도 있으니 궁금하신 분들은 인터넷에 검색해 보시면 재밌을 겁니다.

헨리 모즐리와 현대의 주기율표

다시 주기율표 이야기로 돌아와볼까요? 멘델레예프가 만든 주기율표를 영국의 과학자 헨리 모즐리*Henry Moseley*가 보완합니다. 모즐리는 원자의 질량이 아니라 **원자의 양성자 개수를 기준으로 표를 정리했어요.** 원자에서 원자핵이 무겁고 전자는 아주 가볍다고 말씀드렸잖아요. 그래서 원자핵 안에 있는 양성자 개수가 늘면 원자의 질량이 늘어날 가능성도 상대적으로 높아집니다. 예를 들면 수소는 중성자 없이 양성자 하나로 원자핵이 이루어져 있습니다. 가장 가벼운 원소이기 때문에 멘델레예프 주기율표에서 1번이었는데 모즐리도 1번으로 놓았습니다. 양성자 개수가 하나여서였죠.

질량으로 정리했던 멘델레예프의 주기율표가 유지된 부분도 있지만 모즐리가 좀 더 정교한 기준을 적용하면서 현대의 주기율표에 중요한 역할을 하게 됩니다. 참고로 원자번호 1번인 수소가 얼마나 가볍냐면 너무 가벼워서 지구 중력에 매여있지 않고 우주로 날아가 버립니다. 원자 번호 2번 헬륨도 마찬가지예요. 그래서 우리 우주의 4분의 3은 수소이고, 4분의 1이 헬륨입니다.

알고 보면 흥미로운 가로줄과 세로줄

모즐리가 기여한 현대의 주기율표를 보면 1번 수소(양성자 1개), 2번 헬륨(양성자 2개), 3번 리튬(양성자 3개) 이런 식으로 양성자 개수에 따라서 번호가 정해집니다. 여기서 잠깐! 궁금하지 않으세요?

"양성자 개수가 똑같이 1개인데 수소가 아닌 원소는 없나요?"

이런 의문점이 생길 법도 하잖아요. 양성자 개수가 하나면 당연히 전자도 1개이고, 이것을 수소라고 부르기로 한 것이기에 양성자 개수가 같으면 같은 원소입니다. 주기율표를 보면 가로줄 7개, 세로줄 18개가 있죠. 가로줄을 '주기Period', 세로줄을 '족Group, family'이라고 부릅니다. 그런데 표가 일렬로 쭉 나열돼 있는 게 아니라 좀 들쭉날쭉합니다. 기본적으로 왼쪽에서 오른쪽으로 양성자 개수 순서대로 가는데요, 굳이 줄을 나눠놓은 이유가 있습니다. 줄을 나누는 기준, 즉 원자의 '전자껍질' 개수 때문입니다.

전자에도 껍질이 있냐고요? 앞에서 원자 가운데 원자핵이 있고 주변에 전자가 돌고 있다고 말씀드렸죠? 여기서 전자가 운동하는 궤도를 전자껍질이라고 합니다. **가로줄인 '주기'는 전자가 들어 있는 전자껍질의 개수가 같은 원소들끼리 모아놓은 거예요.** 첫 번째 줄 수소(H)와 헬륨(He)은 전자껍질이 한 개이고, 두 번째 줄 리튬(Li)과 네온(Ne)은 전자껍질이 2개입니다. 이런 식으로 줄을 나누고 주기가 결정되는데, 차례대로 1주기부터 7주기까지 있습니다.

세로줄인 '족'의 기준은 무엇일까요? 원자의 바깥쪽 전자껍질에 있는 전자들 중에서, 다른 원자와 화학 반응을 할 때 참여하는 전자를 '원자가전자'라고 합니다. 원자와 원자가 만나면 안쪽 궤도에 있는 전자보다 바깥쪽에 있는 전자가 먼저 만나기 때문에 바깥쪽 전자

껍질에 속한 전자들이 화학 반응에서 중요합니다. 그래서 원자가전자의 개수가 같으면 세로줄에 모아놓았죠. 자세하게 들어가면 복잡하기도 하고 예외도 있지만, 원자가전자 개수가 같으면 화학적 성질도 비슷합니다. '족'이라는 이름도 보통 '동족이다', '같은 종족에 속한다'라고 할 때처럼 성질이 유사한 원소들을 모아놨기 때문에 붙은 것이죠.

주기율표가 흑백이 아니라 컬러인 이유

주기율표의 가로줄과 세로줄은 전자껍질 개수와 원자가전자 개수로 구분한다는 것 외에 마지막으로 한 가지 특징을 더 알려드릴게요. 주기율표는 흑백이 아니라 컬러입니다. 세 가지 색으로 나뉘어

있는데요, 거의 80% 차지하는 원소들이 노란색으로 칠해져 있죠. 어떤 기준으로 나눈 걸까요?

정답은 바로 '금속'입니다. 우리가 알고 있는 원소의 80퍼센트가 금속 원소라는 뜻이죠. 다음으로 많은 보라색은 '비금속' 원소를 나타낸 것입니다. 가장 적은 초록색은 '준금속'으로 금속과 비금속의 중간 성질을 가진 원소입니다. 금속, 비금속은 익숙해도 준금속이 좀 낯설죠? 규소나 저마늄처럼 반도체에 쓰이는 원소가 대표적입니다. 또 금속 원소는 주로 왼쪽에 모여 있고, 준금속, 비금속이 오른쪽에 모여 있습니다. 화학적 성질이 비슷한 원소끼리 세로로 모아놓았다는 것을 아시면 주기율표를 보는 눈이 좀 더 트일 겁니다.

자연 상태의 세상을 인간이 인간의 기준으로 분류한다는 건 쉽지 않은 일입니다. 규칙성을 발견하기도 힘들고 예외라는 것도 존재하죠. 그래서 현재의 주기율표도 완성형이 아닙니다. 앞으로 얼마든지 바뀔 수 있지요. **과학은 그동안 쌓여온 지식 중에서 가장 최근의 지식을 말하는 것이지, 최종이라는 뜻은 아닙니다.** 열린 결말을 가졌다는 점에서 더욱 흥미로운 분야인 것 같습니다. 이어서 원소와 원소의 화학 결합에 대한 이야기를 들려드리겠습니다.

06

화학 결합,
소금은 부서지고 금은 빛나는 이유

원자와 주기율표, 알고 보니 생각보다 어렵지 않았죠? 우리의 뇌
는 나이가 들어도 얼마든지 새로운 정보를 받아들일 수 있습니다!
이런 마음가짐으로 다시 한번 힘차게 시작해 보겠습니다.

　우리가 주변에서 접하는 모든 물질은 원자들이 서로 결합해서 만
들어진 결과물입니다. 물 한 잔, 우리가 숨 쉬는 공기, 강철처럼 단
단한 금속, 심지어 우리 몸까지. 이 모든 것이 화학 결합의 산물입니
다. 그렇다면 어떻게 서로 다른 원자들이 모여 이렇게 다양한 물질
을 만들어내는 걸까요? 그 답은 바로 화학 결합에 있습니다.

　화학 결합은 원자들이 서로 전자를 주고받거나 공유하면서 결합
하는 방식입니다. 결합의 방식에 따라 물질의 성질이 달라지죠. 심
지어 같은 원소라도 결합 방식이 달라지면 완전히 다른 물질이 될
수 있습니다. 탄소를 예로 들어볼게요. 탄소 원자들은 다이아몬드와

흑연이라는 전혀 다른 물질을 형성할 수 있는데, 그 차이는 바로 결합 방식에 있습니다. 다이아몬드는 각 탄소 원자가 매우 강하게 결합하여 3차원 구조를 이루고 있습니다. 그 결과 다이아몬드는 세상에서 가장 단단한 물질 중 하나가 됩니다. 반면 흑연은 탄소 원자들이 평면 구조로 느슨하게 결합하여 층을 이룹니다. 그래서 흑연은 부드럽고 쉽게 부서지며 연필이나 윤활제로 사용합니다. 같은 탄소 원소지만 결합 방식에 따라 완전히 다른 성질을 갖게 되는 것이죠.

또 다른 예로 산소도 있습니다. 우리가 호흡하는 산소(O_2)는 두 개의 산소 원자가 공유 결합을 통해 이루어져 있습니다. 오존(O_3)이라는 물질도 산소 원자들이 결합한 형태로 세 개의 산소 원자로 이루어져 있죠. 산소는 생명 유지에 필수적인 반면, 오존은 강한 산화력을 가지고 있어 생명체에 해로울 수 있습니다. 결합 방식에 따라 완전히 다른 물질이 되는 대표적인 예입니다. 이처럼 화학 결합은 물질의 성질을 결정하는 보이지 않는 끈과도 같습니다. 원자들이 서로 결합하는 방식에 따라 물질의 강도, 전도성, 녹는점 등 다양한 성질이 나타나죠.

이번에는 이온 결합, 공유 결합, 금속 결합이라는 주요 결합 방식을 중심으로 원자들이 어떻게 결합하여 물질을 형성하고 그 결합이 물질의 성질에 어떤 영향을 미치는지 자세히 살펴볼 것입니다. 과연 이 결합들은 우리 일상 속 물질을 어떻게 만들어내고 있을까요? 그 숨겨진 과학을 밝혀보겠습니다!

우리는 어떻게 지금 모습으로 있을 수 있을까?

원자와 원자가 결합할 때

사람이나 물건 등 세상의 모든 것은 어떻게 지금의 모습으로 있을 수 있는 걸까요? 과학적으로 설명하면 원자가 가만히 있지 않고 다른 원자와 결합했기 때문입니다. 120개도 안 되는 기본 원소들이 어떻게 지금처럼 수많은 물질을 만들어낼 수 있는지, 그것을 아는 것은 세상을 이해하는 데 도움이 됩니다.

전자를 서로 공유하거나 교환하며, 두 개 이상의 원자가 결합하여 새로운 성질을 가진 분자를 형성하고, 이를 통해 물질을 이루는 과정을 '화학 결합'이라고 합니다. 예를 들어 산소는 다른 물질을 잘 태우고, 수소는 잘 타는 성질이 있습니다. 잘 태우고 잘 타는 둘이 만나면 생뚱맞게도 물이 됩니다. 독성이 강한 나트륨과 염소가 만나면 아주 무서운 놈이 나올 것 같지만, 의외로 소금이 만들어집니다. 어떻게 결합하는지에 따라서 물질의 성질이 달라지는 것이죠.

우리가 자주 사용하는 샤프심과 알루미늄 캔을 예로 들어볼까요? 샤프심은 힘을 주면 쉽게 부러지죠. 하지만 알루미늄 캔은 힘을 줘도 부러지지 않고 찌그러집니다. 원래부터 그렇게 태어난 것 같아 보이지만 각각의 성질에는 다 이유가 있습니다. 지금부터 물질이 탄생하는 화학 결합의 마법을 만나보겠습니다.

18족 원소들과 옥텟 규칙

주기율표를 다시 꺼내볼게요. 아래 그림처럼 주기율표의 맨 오른쪽에 있는 18번째 세로줄, 여기 모인 원소들이 '18족 원소'들입니다. 전부 비금속 원소들인데 정확히는 기체입니다. 헬륨가스를 생각해 보면 냄새도 없고, 색도 없고, 맛도 없죠. 18족에 속한 다른 원소들

◆ 바깥쪽 전자껍질에 8개의 전자를 가지고 있는 18족 원소들

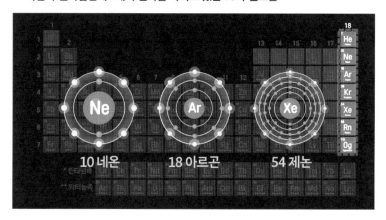

도 비슷합니다. 18족 원소들을 다른 말로 '비활성 기체'라고도 부릅니다. 다른 원소들과 결합을 잘 안 해서 그렇게 부르는데요, 상당히 비협조적입니다. 왜 결합을 잘 안 하냐면, 아쉬운 게 없어서 그렇습니다.

이 원소들을 하나씩 보면 헬륨을 제외하고는 가장 바깥쪽에 있는 전자껍질, 그러니까 전자가 움직이는 궤도들 중에서 가장 바깥쪽에 있는 궤도에 속한 전자가 모두 8개입니다. 신기하게도 원자는 제일 바깥쪽 전자껍질에 전자가 8개가 있는 상태를 만들고 싶어 합니다. 왜 그런지는 모르겠는데 과학자들이 실험을 해보니까 그런 경향이 있다는 거예요.

"이유는 모르겠지만 원자들은 제일 바깥쪽 전자가 8개인 상태를 이루려고 하는 것 같다."

이것을 '옥텟 규칙'이라고 부릅니다. 문어를 영어로 옥토퍼스_Octopus_ 라고 하죠. 문어 다리는 8개입니다. 팔각형은 영어로 옥타곤_Octagon_이고요. 이렇게 영어에서 'oct'가 들어간 것들은 숫자 8과 관련이 있는 경우가 많습니다. 그리스어로 8을 의미하는 어원이 같기 때문인데요, 옥텟 규칙도 8개라는 숫자와 관련이 되어 있습니다. 사실 꼭 8개가 아니어도 원자가 안정될 수 있습니다. 숫자 8이 절대적인 건 아니에요. 그래서 법칙이 아니라 규칙이라고 부릅니다.

알고 마시면 더 재미있는 이온 음료

18족에 속한 원자들처럼 제일 바깥쪽에 전자를 8개로 만들고 싶은 원자들이 있다고 생각해 봅시다. 원자들은 만나면 서로 전자를 주거나 받아서 바깥쪽 전자 개수를 8로 맞출 수 있는 기회를 갖게 됩니다. 놀이동산에 있는 8인승 열차를 떠올리면 좋을 것 같네요. 8인승 열차에 5명만 타 있으면 "셋이 오신 분?" 하면서 인원을 맞추죠? 이것처럼 전자 개수를 8로 맞출 기회를 갖는 거예요.

원자 하나하나는 전기적으로 중성이라고 했지요? 그런데 전자를 잃거나 얻으면, 음전하를 띠는 전자의 개수가 바뀝니다. 그렇기 때문에 중성이었던 원자도 플러스나 마이너스 성질을 띠게 됩니다. **이렇게 특정한 전하를 띠게 된 원자를, 전기적으로 중성이었던 원래 원자랑 구분해서 '이온'이라고 부릅니다. 이때 전자를 잃으면 양이온이라고 하고, 전자를 얻으면 음이온이라고 합니다.**

이온. 새로운 개념인데 어디선가 들어본 것 같지 않나요? 아마 음료수로 익숙하실 겁니다. 실제로 이온 음료의 라벨을 보면 나트륨 양이온, 칼륨 양이온, 칼슘 양이온, 마그네슘 양이온 표시가 되어 있습니다. 우리가 나트륨이나 칼슘을 섭취하면 몸속의 수분에 녹아서 양이온 상태로 몸을 돌아다닙니다. 운동을 하면 이것이 땀으로 빠져나가죠. 그래서 빠져나가는 양이온 상태로 보충하면 몸을 빠르게 원래 상태로 회복시키는 데 도움이 된다는 원리에 입각해서 나온 것이 이온 음료입니다.

금속 원자들은 쉽게 양이온이 된다

나트륨, 칼륨, 칼슘은 전부 금속 원소입니다. 영양제 때문에 헷갈리실 수 있는데 모두 금속이에요. 일반적으로 이런 금속 원소들의 원자 구조를 보면 가장 바깥쪽 전자껍질에 있는 전자 개수가 많지 않습니다. 나트륨의 경우 원자핵이 가운데 있고 전자 11개가 궤도를 따라 돕니다. 전자는 안쪽에 2개, 8개가 있고 맨 바깥쪽 전자껍질에는 1개가 있죠. 나트륨만 그런 게 아니라 다른 금속 원소들도 일반적으로 맨 바깥쪽에 있는 전자 개수가 많지 않습니다.

옥텟 규칙대로 바깥쪽 전자껍질의 전자 개수를 8로 맞추려면 전자를 가져오는 것보다 버리는 게 빠릅니다. 그래서 금속 원자들은 전자를 버리고 양이온이 되려는 경향이 있습니다. 나트륨 원자가 다른 원자를 만나면 전자 1개를 잃고 양이온인 나트륨 이온이 되는 것도 같은 이유죠.

◆ **바깥쪽 전자껍질에 1개의 전자가 있는 원자**

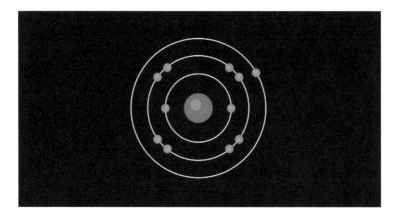

비금속 원소들은 쉽게 음이온이 된다

금속 원소가 쉽게 양이온이 된다면 비금속 원소는 어떨까요? **완전히 반대입니다.** 나트륨이랑 합쳐져서 소금이 되는 염소를 예로 들어 보죠. 염소 원자의 바깥쪽 전자껍질의 전자 개수는 7개입니다. 8로 맞춘다고 치면 밖에서 전자 하나를 가져오는 게 **빠르겠죠.** 그렇게 전자 1개를 얻어오면 전기적으로 중성이었던 염소 원자는 음전하를 띠는 음이온이 됩니다. 다른 비금속 원자들도 같은 이유로 음이온이 되는 경향이 있습니다.

정리하면 이렇습니다. 첫째, 대부분의 원자들은 제일 바깥쪽 전자껍질에 있는 전자를 8개로 맞추려고 하는 경향이 있다. 둘째, 금속 원자는 바깥쪽에 전자 개수가 많지 않아서 8개를 만들려면 전자를 내보내는 게 빠르다, 그래서 음전하인 전자 개수가 줄어들어 양이온이 된다. 셋째, 비금속 원자는 바깥쪽에 전자 개수가 적당히 많아서 8개를 맞추려면 전자를 데리고 오는 편이 낫다. 그렇게 음전하가 더해지니 음이온이 된다.

이런 걸 상식으로 안다는 것, 좀 멋있지 않나요? 이 재밌는 걸 놓쳤으면 너무 아쉬울 뻔했네요. 저만 그렇게 생각하는 건 아니라고 믿고 싶습니다.

덩어리 소금의
특징

금속 원자×비금속 원자, 이온 결합

원자의 결합은 크게 세 가지로 나눌 수 있습니다. 첫째, 금속 원자가 비금속 원자를 만났을 때. 둘째, 금속 원자가 금속 원자를 만났을 때. 그리고 셋째, 비금속 원자가 비금속 원자를 만났을 때입니다. 이 세 가지 결합 방식으로 세상의 물질이 구성됩니다.

첫 번째로 말씀드릴 결합은 금속과 비금속이 만나는 결합, '이온 결합'입니다. 금속 원자는 전자를 잃어서 양이온이 되려고 하고 비금속 원자는 전자를 가져와서 음이온이 되려고 한다고 말씀드렸죠. 그러니까 금속과 비금속이 만나면 자연스럽게 서로 양이온, 음이온이 되면 됩니다. 윈윈이죠. **그런데 한쪽은 플러스, 다른 한쪽은 마이너스이니 두 이온 사이에 정전기적 인력, 즉 잡아당기는 힘이 생깁니다.** 인력이 작용해서 결합이 일어나는 것이죠. 이온끼리 더해지기 때문에 '이온 결합'이라고 부릅니다.

대표적인 이온 결합은 소금(NaCl)입니다. 소금은 금속인 나트륨 원자(Na)와 비금속인 염소 원자(Cl)가 이온이 되어서 결합한 것입니다. 습기 제거제나 제설제로 사용되는 염화칼슘, 베이킹파우더 성분인 탄산수소나트륨, 대리석의 주원료가 되는 탄산칼슘도 이온 결합의 결과물입니다.

화학적 결합을 끊어내는 힘

이온 결합 화합물을 구성하는 양이온과 음이온 사이에는 강한 정전기적 인력이 작용해서 딱 들러붙습니다. 그래서 이온 결합한 화합물은 녹는점과 끓는점이 매우 높습니다. 이 결합을 화학적으로 끊으려면 엄청난 에너지가 필요하죠. 어지간히 높은 온도가 아닌 이상 안 끊깁니다. 상온에선 대부분 녹아 있지 않기 때문에 거의 고체 상태로 존재하고요. 그런데 재미있게도 **외부에서 물리적인 힘을 가하면 쉽게 부서지기도 합니다.** 덩어리 소금이 부서지는 것처럼요.

이온 결합한 화합물은 양전하와 음전하가 어긋나지 않게 딱 들어맞아 있는 상태로, 화학적으로 단단하게 연결되어 있죠. 그러다 물리적인 힘을 가하면 이온의 배열에 변화가 생겨서 갑자기 같은 전하를 띠는 이온끼리 옆에 위치하게 됩니다. 그러면 자석이 밀어내듯이 강하게 반발해서 팍! 하고 부서지는 것이죠. 결합이 와해됩니다.

소금에 전기가 통하게 하는 마법

이온 결합 화합물에는 또 다른 특징이 있습니다. 양이온, 음이온 끼리 서로 안정적으로 전자를 주고받아서 더 이상 움직이지 않고 딱 붙어 있는 상태이기 때문에 전자가 돌아다닐 일이 없습니다. 무슨 말이냐면 **전기가 잘 통하지 않는다는 뜻입니다.** '전기 전도성'이 좋지 않다고도 표현하지요. 대부분의 이온 결합 화합물은 고체 상태에서는 전기 전도성이 없습니다. 분필($CaCO_3$)이나 석고($CaSO_4$)를 떠올리면 쉽게 이해가 될 겁니다.

그런데 물에 녹이면 이야기가 달라지죠. 소금은 고체 상태일 때는 전기가 통하지 않지만 소금물이 되면 전기가 통합니다. 고체 상태의 이온 결합물을 물에 녹이면 양이온, 음이온이 서로 분리됩니다. 그리고 물 분자한테 둘러싸여서 자유롭게 이동하지요. 그래서 수용액 상태에서는 전기 전도성이 좋아지는 것입니다.

금이
반짝이는 이유

금속 원자×금속 원자, 금속 결합

금속 원자와 금속 원자가 만나는 것을 '금속 결합'이라고 부릅니다. 금속 원자들은 전자를 잃고 양이온이 되는 경향이 있습니다. 이런 둘이 만나면 어떻게 될까요? 전자를 데려가지 않고 버리려고만 하겠죠. 그래서 금속 원자에서 떨어져 나온 전자는 다른 금속 원자에 가서 달라붙는 대신, 금속 양이온들 사이를 자유롭게 이동합니다. 갈 데가 없어서 떠돌아다니는 거예요. 이 전자를 '자유 전자'라고 합니다. 금속 원자끼리 만나면 자유 전자가 말 그대로 자유롭게 돌아다닙니다. 수많은 전자가 양이온 사이를 채우면서 자유롭게 움직이기 때문에 마치 바다를 이룬 것 같다고 해서 '전자 바다'라는 시적인 아름다운 표현이 탄생했습니다.

전자 바다와 금속의 양이온들이 서로 정전기적으로 결합 되어 있는 물질이 우리가 아는 금속이 되는 것입니다. 금속 물질에서 전기가 잘 통하는 이유는 음전하를 띤 자유 전자들이 자유롭게 이동할 수 있기 때문이지요. 금속의 특징을 원자 단위로 설명할 수 있다는 게 굉장히 신기하죠?

금속 결합은 자유 전자가 많을수록 강해집니다. 맨 바깥쪽 전자 껍질에서 전자 2개를 내놓는 녀석이 있으면 1개가 나온 것보다 자유 전자가 많아지겠죠. 이런 경우 결합은 세지고 전기 전도성도 더 강해집니다.

또 다른 금속의 특징을 볼까요? 금속을 망치 같은 것으로 두드리면 부서지지 않고 얇아지면서 늘어납니다. 이온 결합한 물질이 외부에서 힘을 주면 부서지는 것과 다르게 금속 결합한 물질은 부서지지 않고 늘어나죠. 금속 양이온들의 배열이 달라져도, 자유 전자들이 사이를 오가면서 문제없이 결합을 유지해 주기 때문입니다. 똑같이 힘을 줘도 샤프심은 부러지고, 알루미늄 캔은 찌그러지는 이유도 이런 원리로 설명할 수 있습니다.

금속마다 색이 다른 이유

또 어떤 특징이 있을까요? 전기가 잘 통하고 두드리면 늘어나는 것 외에도 대부분 반짝거린다는 특징이 있습니다. **광택이 생기는 이유도 자유 전자 때문입니다. 자유 전자들이 다양한 파장의 빛을 흡수했다가 방출하는 것이죠.** 방출은 반사와 다릅니다. 반사가 빛이 들어오지도 못하고 튕겨 나가는 것이라면 방출은 자유 전자가 빛의 에너지를 흡수했다가 다시 내보는 것입니다. 탕! 하고 튕겨 내는 게 아니라 한번 먹었다가 뱉는 거죠.

이것으로 금속마다 광택의 색이 다른 이유도 설명할 수 있습니다. 금은 짙은 노란색 광택을 띠고 있습니다. 은은 은백색이고 구리는 붉은 색 광택이 나죠. 광택의 색이 다른 것도 역시 자유 전자 때문입니다. 정확히는 자유 전자가 움직이는 속도가 다르기 때문입니다.

조금 어려운 이야기인데 쉽게 풀어보겠습니다. 자유 전자는 밖에서 오는 빛을 흡수합니다. 빛의 파동이 금속에 닿으면 그 에너지를 받은 자유 전자도 진동을 하죠. 전자가 빨리 움직일 수 있으면 그만큼 진동을 많이 할 수 있습니다. 진동수가 많은 경우를 파장이 짧다고 합니다. 우리가 눈으로 볼 수 있는 가시광선의 범위 내에서는 빛

◆ 빛의 파동과 가시광선

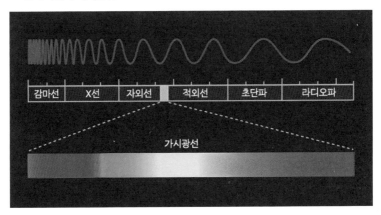

의 진동수가 많으면 보라색, 적으면 빨간색으로 보입니다. 그 사이에 빨주노초파남보 무지개색이 있는 거고요.

파장으로 다시 이야기해 볼까요? 파장이 짧은 것이 보라색, 긴 것이 빨간색입니다. 파장이 짧을수록 위험한 빛이죠. 자'외'선은 자색(보라색)으로 보이는 가시광선보다 파장이 짧은 빛입니다. 자외선은 차단제까지 발라가면서 피하려고 하잖아요. 반대편에는 빨간색으로 보이는 가시광선보다 파장이 긴 빛, 적'외'선이 있습니다. 아파서 병원에 가면 적외선 치료를 받기도 하잖아요. '적외선 치료를 받으면서 가늘고 길게 살자'고 생각하시면 빨간색 파장이 긴 파장이라는 게 저절로 외워지겠죠?

다시 금속 광택 이야기로 돌아와 보죠. 대부분의 금속 광택이 은백색으로 보이는 것은 금속의 자유 전자가 충분히 빨라서, 자기가 흡수한 빛의 긴 파장부터 짧은 파장까지 다 구현해 **모든 파장의 가시 광선을 내보낼 수 있기 때문입니다.** 빨주노초파남보 색이 다 합쳐지면 빛은 검은색이 아니라 흰색으로 보입니다. 그래서 은이 은백색으로 빛나는 것이죠.

반면 금 속에 있는 자유 전자는 은에 있는 전자들보다 느립니다. 그래서 초록색으로 보이는 가시광선만큼 진동할 수 없습니다. 그럼 초록색보다 진동수가 더 적어도 되는 색이 무엇이지요? 노란색입니다. 그래서 금의 광택이 노란색인 겁니다. 구리가 빨간 광택인 건 자유 전자가 그만큼 진동을 못 한다, 빨리 못 움직인다는 뜻입니다.

산소, 물, 단백질의
탄생 비밀

비금속 원자×비금속 원자, 공유 결합

이제 세 가지 중 마지막 결합이 남았습니다. 비금속 원자와 비금속 원자의 결합에는 이온 결합이나 금속 결합 같은 직관적인 이름 대신 다른 이름이 붙어 있습니다. 바로 '공유 결합'입니다. 그 이유는 비금속 원자들이 만나는 상황을 보면 바로 알 수 있습니다.

비금속 원자들은 전자를 얻어서 음이온이 되려고 합니다. 비금속 원자끼리 만나면 금속끼리 만났을 때와 다르게 두 원자가 서로 전자를 가져오려고 하겠지요. 그러다 보니 **한쪽이 전자를 독식하는 게 아니라 적당히 타협해서 안정적인 상태를 찾게 됩니다.** 수소를 예로 들면, 수소 분자는 수소 원자 두 개가 만나서 생깁니다. 수소 원자 하나는 양성자 1개, 전자 1개로 이루어져 있습니다. 둘이 만나면 전자를 공유하는 형태가 되죠. 공유 결합이라는 이름이 붙은 이유입니다. 산소도 마찬가지로 전자 두 쌍을 공유하는 형태로 결합합니다.

◆ 공유 결합에 의한 수소 분자의 형성

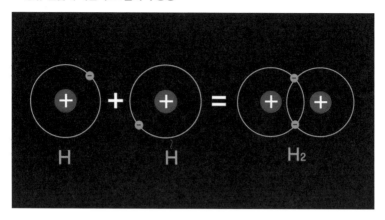

또 다른 대표적인 공유 결합 화합물은 물입니다. 물의 화학식이 H_2O라는 건 여러분도 잘 알고 있지요? 그런데 과학자들이 이것을 알게 되기까지는 아주 오랜 시간이 걸렸습니다. 물은 순수한 원소라는 생각이 오랫동안 인류의 머릿속에 자리 잡고 있었기 때문이지요. 이런 생각에 찬물을 끼얹은 게 18세기 말 프랑스의 과학자 앙투안 라부아지에*Antoine Lavoisier* 입니다. 최초로 물 분해 실험을 해서 물이 산소와 수소의 결합이라는 걸 밝혀냈죠.

하지만 라부아지에도 결합의 형태까지 밝힌 건 아니었습니다. 공유 결합은 20세기 초에 미국의 과학자 길버트 루이스*Gilbert Lewis*가 처음 제안한 개념이거든요. 그러니까 우리는 그 유명한 라부아지에보다 더 많은 걸 알고 있는 겁니다. 그러고 보면 늦게 태어나는 게 참 좋은 일 같아요. 지식 누적의 수혜를 받잖아요. 그런데도 배우지 않는다면 늦게 태어난 보람이 없지 않나요? 이런 의미에서 무언가를 배울 때 즐거운 마음으로 기꺼이 뛰어들었으면 좋겠습니다. 공유 결합처럼 복잡한 것도 즐겁게요!

2개 이상의 서로 다른 비금속 원자가 만날 때

공유 결합은 이온 결합이나 금속 결합보다 어렵습니다. 하나의 전자를 갖는 수소가 합쳐져도 이렇게 얽히는 모양새가 되는데 다른 원자들은 전자 개수가 더 많으니까요. 수소와 수소가 합쳐지거나, 산소와 산소가 합쳐질 때는 같은 원자가 합쳐지니까 생긴 것도 대칭적으로 보이고 심플합니다만, **서로 다른 비금속 원자가 2개, 또는 3개 이상 합쳐질 때는 결합력도 강해지고 생김새도 복잡해집니다.**

서로 다른 두 개의 비금속 원자가 만났다고 생각해 봅시다. 그럼 둘 중 하나에 전자가 치우치기 쉽습니다. 전자를 더 잘 끌어당기는 원자 쪽으로 치우치죠. 보통 주기율표에서 오른쪽 위로 갈수록 전자를 잘 끌어당기는 원자입니다. 물 분자를 예로 들면 H_2O니까 수소 원자 2개와 산소 원자 1개죠. 산소 원자는 수소 원자보다 전자를 더 잘 끌어당깁니다. 그래서 산소 원자 쪽에 치우친 모양으로 결합이 됩니다. 질소와 수소가 합쳐진 암모니아도 같은 이유로 질소 쪽에 치우친 모양으로 결합이 됩니다. 물론 예외도 있습니다. 메탄(CH_4)이나 이산화탄소(CO_2)처럼 대칭적인 결합 형태를 갖는 경우입니다.

공유 결합 화합물은 원자 사이의 결합은 강하지만, 분자끼리 작용하는 힘은 그리 강하지 않습니다. 이로 인해 녹는점과 끓는점이 낮아서 대부분 실온에서 액체나 기체 상태로 존재합니다. 물론 예외는 있지만요.

지구의 공기 대부분을 차지하는 산소, 질소 분자, 바다, 우리 몸의 질량 대부분을 차지하는 물, 그리고 우리 삶을 유지하는 데 중요한 단백질도 공유 결합을 통해 형성된 화합물입니다. 이처럼 지구의 자연계에는 공유 결합으로 인한 물질들이 굉장히 많습니다.

쉽게 설명하기 위해 가장 심플한 분자들만 보여드렸지만, 사실 분자 구조는 대부분 복잡합니다. 우리가 자주 보는 것 중 하나를 퀴즈로 내보겠습니다. 아래 그림과 같이 복잡한 분자 구조를 갖는 것은 과연 어떤 물질일까요?

◆ **과연 어떤 물질일까요?**

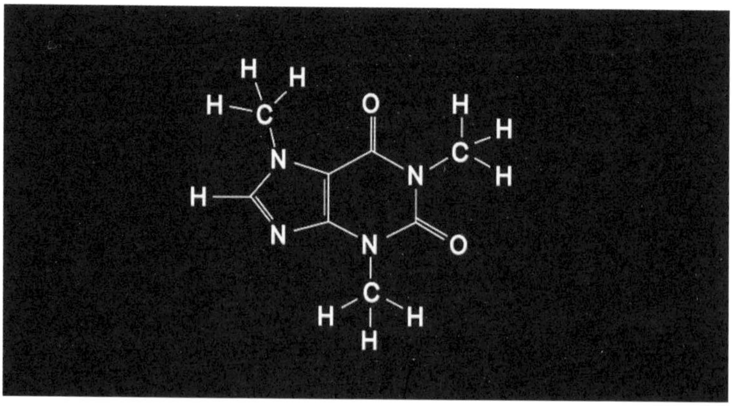

166

정답은 카페인입니다. 이렇게 복잡한 걸 매일 마시고 있는 거예요.

원자의 조합으로 이루어진 세상

이 세상이 원자의 조합으로 만들어졌다는 게 어떤 의미인지 조금이나마 이해가 되셨나요? 실제로 우리 생활 속의 모든 것이 원자들이 화합한 결과물입니다. 집이나 사무실에서 매일 보는 유리의 경우, 일반적으로 이산화규소나 산화나트륨이 주성분이 되는데요. 이산화규소(SiO_2)는 산소 2개, 규소 1개가 합쳐진 것이고, 산화나트륨(Na_2O)은 산소 1개, 나트륨 2개가 합쳐진 것입니다. 이산화규소는 공유 결합을 한 화합물이고, 산화나트륨은 이온 결합을 한 화합물입니다. **내가 보는 모든 것들이 원자들의 결합을 통해 생긴 것**이라고 생각하면 세상을 보는 눈이 조금은 더 흥미로워지지 않을까요?

지금까지 이온 결합부터 금속 결합, 공유 결합에 이르기까지, 원자가 합쳐져서 물질로 변하는 과정을 알아봤습니다. 우리의 피부, 몸 속 장기부터 시작해서 자동차, 이불, 옷, 밥, 커피 등 뭐 하나 뺄 것 없이 이 세상 모든 것들이 원자가 결합한 분자, 또는 분자끼리 결합한 분자들로 이루어진 것이죠. **우리 몸에 들어 있는 원자의 수가 우주 전체에 존재할 것으로 추정되는 별의 개수보다 약 100만 배 정도 많다고 합니다.** 우주의 원자들이 모여서 우리 몸을 이루고 유지한다는 것

자체가 참 경이로운 일입니다. 우리 한 명 한 명이 그렇게 대단한 우주의 산물이라는 사실을, 꼭 기억하셨으면 좋겠습니다.

07

화학 반응,
배터리에 관한 최소한의 지식

"화학처럼 생활과 밀접한 과학이 없다" 또는 "화학은 생활 속 과학이다"라는 말을 들어본 적 있으신가요? 듣긴 들어봤지만 딱히 와닿는 이야기는 아닐 수도 있을 텐데요, 그런 분들을 위해 이번에는 실생활 밀착형 사례들로 준비해 봤습니다. 우리가 얼마나 커다란 화학의 영향권 안에서 살고 있는지 실감하실 수 있을 겁니다.

　우선 단어부터 살펴볼까요? 화학 반응이란 무엇일까요? 간단히 말하자면 화학 반응은 기존의 화학 결합을 끊고, 새로운 결합을 만들어 전혀 다른 성질의 물질을 만들어내는 과정입니다. **즉, 물질이 결합을 통해 완전히 다른 물질로 변하는 마법이죠.** 화학 반응이 없었다면 우리가 매일 사용하는 화학 제품도 존재하지 않았을 것입니다.

　우리가 흔히 보는 연소 즉, 불에 타는 과정도 대표적인 화학 반응입니다. 예를 들어 나무가 불에 타면 탄소가 공기 중의 산소와 결합하여 이산화탄소와 물로 변합니다. 물질의 성질이 완전히 바뀌죠.

이렇게 우리가 알든 모르든 화학 반응은 언제나 우리 곁에서 일어나고 있습니다. 우리가 매일 입는 옷, 비닐봉지, 선크림, 감기약, 아이들 장난감까지 전부 다 이러한 화학 반응을 통해 만들어진 제품이죠. 화학 제품이라고 하면 인위적인 느낌 때문에 부정적으로 느끼는 분도 계실 텐데 화학 반응은 사실 자연적으로도 일어나는 것입니다. 우리 몸에서 영양소를 분해하고 사용하는 것도 모두 화학 반응을 통해 일어나는 것이니까요.

어떤 물질을 전혀 다른 물질로 바꾸는 마법, 화학 반응! 종류가 너무 많아서 다 알려드릴 순 없으니 요점만 콕 집어서 우리에게 익숙한 '산-염기 반응'과 '산화-환원 반응'에 대해 말씀드려 볼까 합니다. 산-염기, 산화-환원……. 전혀 익숙하지 않다고요? 단어만 그렇지 들어보시면 낯설지 않은 내용입니다. 저만 믿고 따라오시죠!

속 쓰릴 때
제산제를 먹는 이유

산은 산성비, 염기는 양잿물을 떠올려라

'산'과 '염기'라는 말을 들어보셨나요? 이보다는 산과 알칼리라는 말이 더 익숙할지도 모르겠습니다. 어릴 때 리트머스지에 산성, 알칼리성 물질을 묻혀 색이 어떻게 변하는지 관찰하는 실험을 해보셨을 텐데요, 파란 리트머스지에 산성 물질을 묻히면 빨갛게 변하고, 빨간 리트머스지에 알칼리성 물질을 묻히면 파랗게 변하죠. 산과 알칼리는 리트머스지의 색깔만 바꾸는 게 아니라 서로 다른 성질을 갖고 있습니다. 여기서 잠깐 토막 상식! 리트머스지는 리트머스라는 사람이 만든 게 아니고, 리트머스이끼로 만든 종이라서 리트머스지라고 부릅니다.

먼저 산에 대해 알아보죠. 산성비나 위산 같은 것을 떠올리면 느낌이 오실 겁니다. 산성비는 건물을 부식시키고, 위산은 음식을 소화 시키죠. 레몬이나 식초도 산입니다. **신맛이 나고, 철이나 아연 같은**

금속을 부식시키는 성질을 갖고 있습니다.

염기는 알칼리라고 말씀드렸는데, 일상적으로는 비슷하게 쓰이고 있지만 염기가 조금 더 큰 개념입니다. 알칼리는 '타고 남은 재'에서 나온 말입니다. 재를 물에 타서 만든 양잿물은 알칼리성을 갖고 있죠. 세제나 표백제도 알칼리입니다. **이런 염기성 물질은 쓴맛이 나고 손으로 만졌을 때 미끌미끌합니다.** 혹시 특징을 체험해 보시려고 맛보려는 분은 없으시겠죠? 절대 드시면 안 됩니다.

한 가지 더! 시큼한 건 산, 쓴 건 염기라고 기억하셔도 좋지만 이것은 산과 염기의 성질이지 정의는 아닙니다. 그럼 산과 염기를 어떻게 정의내릴 것인지 좀 더 자세히 알아보도록 하겠습니다.

산과 염기의 정의

산과 염기에 대한 화학적 정의는 20세기 초 두 명의 화학자가 정의한 버전이 지금도 통용되고 있습니다. 덴마크의 화학자 요하네스 브뢴스테드*Johannes Brønsted*와 영국의 화학자 토머스 라우리*Thomas Lowry*입니다. 보통 이렇게 두 명의 이름이 함께 실릴 때는 연구를 같이한 동료인 경우가 많은데, 이들은 일면식도 없는 남남이었습니다. 우연히 비슷한 시기에 비슷한 이론을 제시했기에 합쳐서 '브뢴스테드 라우리 산 염기 정의'라고 부르게 된 것이죠.

이 정의에 따르면, **산은 수소 이온(H^+)을 줄 수 있는 물질을 말하고,**

염기는 수소 이온을 받을 수 있는 물질을 말합니다. 말이 어려울 뿐, 우리가 잘 알고 있는 pH지수를 생각하면 됩니다. pH지수에서 H가 수소 이온*Hydrogen ion*의 약자입니다.

먼저 pH지수를 살펴볼까요? 물 같은 중성 물질이 pH7입니다. 7을 기준으로 그보다 수치가 낮으면 산성, 높으면 염기성이죠. 물에 녹는 물질은 산성, 염기성, 중성 중 하나에 속하는데, 중성에서 멀어질수록 산성이나 염기성이 강하다고 볼 수 있습니다. 식초, 오렌지 주스, 커피 등은 산성이고, 비누, 치약, 세제 등은 염기성이죠.

우리 몸에도 산성과 염기성이 있습니다. 위액은 대표적인 강산성 물질입니다. 그리고 건강한 피부는 pH5.5 정도의 약산성이죠. 여드름 피부나 아토피 피부는 조금 더 염기성을 띠기 때문에 약산성 클렌저를 써서 알칼리성이 더해지지 않도록 관리하는 겁니다.

◆ pH 지수

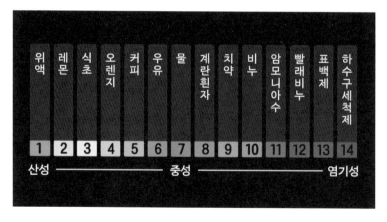

또 사람의 혈액은 pH7.4 정도로 약한 염기성인데요, 혈액은 좀 특이한 작용을 합니다. 한번 생각해 보세요. 물에 산성 물질을 더하면 어떻게 될까요? 산성을 띠게 되겠죠. 그런데 만약 우리가 신 음식을 먹을 때마다 피가 산성으로 변하면 어떻게 될까요? 자칫하면 사망에 이를 수 있습니다. 그래서 우리의 피는 산성이나 염기성 물질이 들어왔을 때도 늘 pH7.4 정도를 유지할 수 있는 반응 체계를 가지고 있습니다. 이것을 '혈액의 완충 작용'이라고 합니다. **혈액 속의 산이나 염기가, 그 짝이 되는 염기와 산을 동시에 갖고 있어서 pH 농도를 일정하게 유지할 수 있는 겁니다.**

앞서 말한 위액도 마찬가지예요. 그대로 두면 위가 뻥 뚫리겠죠. 하지만 다행스럽게도 우리 몸은 염기성 물질로 중화 반응을 일으켜서 위를 보호합니다.

산-염기 중화 반응

산과 염기가 만나면 산은 수소 이온을 방출하고, 염기는 이를 받아들입니다. 우리가 흔히 접하는 산과 염기 반응에서는 이 과정에서 산과 염기의 특성이 상쇄되어 중성이 되는 '물'이 만들어지기도 하는데요, **이렇게 산과 염기의 반응으로 인해 물이 만들어지는 과정을 '중화 반응'이라고 합니다.** 중화 반응은 실생활에서도 많이 볼 수 있습니다. 예를 들어 위산 과다로 속이 쓰리면 제산제를 먹죠. 제산제는 염기성 물질로 위산과 반응해서 중화시키는 역할을 합니다. 산성화된 땅에 염기인 석회를 사용하면 땅이 중화됩니다. 생선에 비린내가 날 때 레몬즙을 뿌리는 것도 같은 원리입니다. 비린내가 나게 하는 물질이 염기성이기 때문에 중화시키기 위해 산성 물질인 레몬을 쓰는 것이죠.

　여러분의 안전을 위해서 한 가지 중요한 사실을 알려드릴게요. 실수로 강한 산성이나 염기성 물질을 삼켰다면, 어떻게 하면 될까요? 특히 아이들에게 이런 사고가 생길 수 있잖아요. 중화 반응을 유도해야 하니까 다른 염기나 산성 물질을 먹으면 되겠죠? 아니요! 절대, 절대! 안 됩니다. 물을 최대한 마셔서 몸에 들어간 강산성, 혹은 강염기성 물질을 빨리 빼내야 합니다. 직접 몸으로 산, 염기 반응을 실험하시면 안 된다는 점, 안전 상식으로 말씀드립니다.

깎은 사과는
왜 갈색으로 변할까?

산화-환원 반응

산화 현상을 보신 적 있으신가요? 깎아 놓은 사과가 갈변하거나 쇠붙이가 녹스는 현상이 바로 산화 현상입니다. '산화酸化'라는 말에는 '산소와 결합한다'라는 뜻이 있습니다. 산소가 워낙 다양하게 반응을 하니까 화학자들이 산소를 기준으로 '산화'라는 개념을 만들어 낸 것이죠. 산소가 다른 물질과 반응을 잘하는 것은 사실이지만 불소보다는 못 합니다. 산소와 불소가 만나면 오히려 산소가 산화되는 반응이 나타납니다. 지금까지 산화라고 불린 세월이 있어서 여전히 산화라는 말을 쓸 뿐이지, 정확하게 따지면 산화의 정의가 산소와의 결합이라고 말하긴 어렵습니다.

그럼 요즘엔 산화를 어떻게 정의하고 있을까요? **물질이 반응할 때 전자를 빼앗기면 '산화된다'고 합니다. 반대로 전자를 얻어오면 '환원된다'고 하고요.** 화학 반응이 일어난다고 해서 전자의 전체 개수가 변하는 건 아니기 때문에 전자를 뺏기는 물질이 있으면 얻는 물질이 있고, 얻는 물질이 있으면 뺏기는 물질도 있습니다. 그래서 **산화와 환원은 늘 동시에 일어납니다.**

일상 속 산화-환원 반응

철 같은 금속 원소는 음전하를 띠는 전자를 잘 내놓습니다. 반대로 산소 같은 기체, 비금속 원소는 음전하를 띠는 전자를 잘 가져오지요. 철과 산소가 만나면 철에 있던 전자는 산소에 가고, 동시에 산소는 철에 있던 전자를 가져옵니다. 철은 전자가 나가니까 산화되고, 산소는 전자가 들어오니까 환원되는 것이죠. 그 과정에서 철과 산소가 합쳐진 산화철(FeO)이 생깁니다. 산화철은 녹슨 철입니다.

우리가 겨울에 자주 쓰는 핫팩 안에는 철가루가 들어 있습니다. 그리고 철가루가 산소와 잘 결합하게 도와주는 물질도 함께 들어 있죠. 비닐 포장을 벗기면 철가루 파우치가 산소와 만나게 되는데, 이때 철과 산소가 결합하면서 열이 발생합니다. 핫팩이 따뜻해지죠. 시간이 지나 모든 철가루가 산화되면 더 이상 반응이 일어나지 않기 때문에 핫팩을 아무리 흔들어도 다시 따뜻해지지 않습니다. 흔들어서 생기는 마찰열로 따뜻해진다고 생각하시는 분들도 있을 텐데 그게 아닙니다. 흔들면 빨리 따뜻해지는 이유는 산소가 그만큼 잘 들어가기 때문입니다.

산소는 반응성이 매우 좋은 원소입니다. 다른 물질을 만났을 때 너무너무 잘 들러붙습니다. 자연에 있는 물질들은 산소와 들러붙어서 녹슬어 있는 게 많아요. 그래서 우리는 물질에 들러붙어 있던 산소를 인위적으로 떼어내서 쓸 수 있는 상태로 만들곤 합니다. 이 과정이 '제련소'에서 하는 '제련'입니다. 산화된 물질을 환원시키는 거죠. 우리가 가정에서 구매해서 쓰는 녹 제거제도 산화된 물질을 환원시켜서 녹을 제거하는 겁니다. 산소의 뛰어난 반응성을 보면 옛날 화학자들이 산화라고 이름을 붙였던 것도 이해가 되죠.

쇠가 녹슬거나 사과가 갈변하는 일은 산화가 비교적 천천히 일어나는 산화 반응이지만, **빛과 열을 내면서 급격하고 강렬하게 일어날 때도 있습니다. 바로 '연소'입니다.** 무언가 타는 현상이죠. 일상에서 볼 수 있는 대표적인 연소 반응은 무엇일까요? 가스레인지를 켜면 바로 보실 수 있습니다. 도시가스 안에 있는 메테인이라는 탄소화합물이 산소와 만나서 강렬하게 산화-환원 반응을 일으켜 주는 덕분에 우리는 밤마다 맛있게 라면을 끓여먹을 수 있습니다.

몸속에서도 일어나는 산화-환원 반응

산-염기 반응이 우리 몸속에서 일어나는 것처럼 산화-환원 반응 또한 우리 몸속에서 항상 일어나고 있습니다. 숨을 쉬면 몸속에 산소가 들어옵니다. 산소가 체내에 흡수된 영양소와 결합하면서 산화-환원 반응이 일어나고 에너지가 발생합니다. 영양소는 대부분 탄소랑 수소로 이루어져 있어서 산화-환원 반응이 끝나면 탄소는 이산화탄소가 되고 수소는 물이 됩니다. 그래서 이산화탄소는 숨으로 내뱉고 물은 소변이나 땀으로 배출시키는 겁니다.

이때 우리가 들이마신 산소 일부, 2~5퍼센트 정도는 이산화탄소나 물이 되지 않고 과산화수소(H_2O_2)나 초과산화 이온(O_2^-) 같은 산소 화합물이 됩니다. 이것을 우리가 잘 아는 단어로 바꿔볼까요? 바로 문제의 '활성 산소'입니다. 활성 산소라고 하면 활발한 산소인가 싶지만 정확히는 산소가 아니라 산소 화합물입니다. 우리가 들이마신 산소는 보통 몸속에서 100초 정도 머무는데, **활성 산소는 불안정하기에 다른 물질과 빨리 결합하고 순식간에 사라집니다.**

그런데 그 짧은 시간에 우리 몸의 세포와 조직에 엄청난 영향을 미칩니다. 앞뒤를 가리지 않고 우리 몸의 분자를 산화시키거든요. 세균을 공격하는 것까지는 좋은데 거기서 멈추지 않고 몸의 세포까지 공격합니다. 그래서 노화나 면역 저하, 암 등을 유발한다고 하죠. 적당하면 괜찮은데 많으면 문제가 됩니다.

이미 생긴 활성 산소를 줄이는 것보다는 애초에 덜 생기게 하는 게 효과가 있다고 하는데요, 방법은 여러분도 이미 알고 있습니다. 소식하고, 비타민 챙겨 먹고, 적당히 운동하고, 스트레스 덜 받는 것입니다. 이렇게 하면 **몸속에 항산화 효소가 증가해서 활성 산소의 악영향을 줄일 수 있다고 합니다.** 잘 알고는 있지만 실천하기는 쉽지 않은 게 문제라면 문제입니다.

　이렇듯 산화-환원 반응은 화학 교과서에만 나오는 명칭이 아니라 우리 건강에도 영향을 미치는 중요한 화학 반응입니다. 다음에 말씀 드릴 어떤 발명품도 산화-환원 반응이 중요한 원리로 사용됩니다. 우리가 일상에서 아주 흔하게 쓰는 물건인데요, 과연 무엇일까요?

화학 에너지를 전기 에너지로 바꾸다

이온화 경향

우리가 쓰는 배터리는 화학 에너지를 전기 에너지로 바꾸는 장치입니다. 그래서 '화학 전지'라고도 부르죠. 배터리는 기본적으로 금속의 이온화 경향 차이를 이용하는 장치입니다. 금속 원소는 일반적으로 전자를 잃고 양이온이 되려는 성질이 있는데 이것을 '이온화 경향'이라고 합니다. **이온화 경향은 금속의 종류에 따라 다른데요, 이온화 경향이 클수록 전자를 쉽게 잃는다는 뜻입니다.** 앞에서 전자를 잃는 것을 '산화'라고 한다고 했죠? 그러니까 이온화가 잘 되는 금속은 산화가 잘 되는 녀석들입니다.

암기식 교육이 좋은 건 아니지만 기본적으로 과학은 외우고 기억해야 할 게 좀 있습니다. 학교 다닐 때 '칼카나마 알아철 니주납 구수은백금'이라는 주문 같은 문장을 외웠던 분들도 계실 텐데요, 이게 바로 원소를 이온화 경향이 큰 순서대로 나열한 겁니다.

◆ 이온화 경향 순서대로 나열한 여러 가지 금속 원소

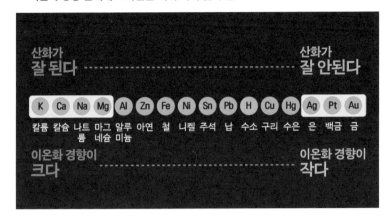

위의 그림을 보시면 금속 원소가 쭉 적혀 있습니다. 왼쪽에 위치한 칼륨, 칼슘, 나트륨, 마그네슘 같은 금속은 이온화 경향이 큰, 전자를 잘 내어주는 금속입니다. 오른쪽에 위치한 금이나 백금은 이온화 경향이 작은, 산화가 잘 안되는 금속입니다. 순금은 산화가 안 되어서 녹슬지 않습니다. 금이 다른 금속보다 비싼 이유도, 결국은 과학인 셈이죠.

이온화 경향이 상대적으로 큰 아연 같은 원소가 이온화 경향이 작은 구리 원소와 만나면 아연은 전자를 잃고 산화됩니다. 구리는 전자를 얻어서 환원되죠. 아연에서 구리로 전자가 이동하는 산화-환원 반응이 일어나는 겁니다.

수소는 금속이 아닌데 왜 여기에 있을까요? 보통 이온화 경향에서 수소를 기준점으로 삼기 때문입니다. 수소는 특이하게 비금속 원소인데

금속처럼 양이온이 되려고 합니다. 수소보다 이온화 경향이 높은 금속은 수소 이온이 들어 있는 산성 용액에 넣었을 때 전자를 잘 내놓아서 잘 녹습니다. 반대로 수소보다 이온화 경향이 낮은 금속은 산성 용액에 넣어도 전자를 잘 내놓지 않아서 쉽게 녹지 않습니다.

앞에서 화학 전지는 두 금속의 이온화 경향 차이를 이용한 것이라고 말씀드렸습니다. 그런데 중성 상태인 두 금속을 갖다 붙인다고 바로 화학 반응이 일어나지는 않습니다. 화학 반응을 유도하는 '무엇'이 필요하죠. 그것이 바로 산성 용액 같은 전해질입니다.

최초의 배터리, 볼타 전지

배터리는 충전할 수 없는 일회성 전지인 1차 전지, 그리고 충전이 가능한 2차 전지로 나뉩니다. 최초의 배터리는 이탈리아 과학자 알레산드로 볼타$_{Alessandro\ Volta}$가 만들었습니다. 1800년경 나타난 볼타 전지는 충전이 안 되는 1차 전지였죠. 원리는 다음과 같습니다.

아연판 하나를 묽은 황산 같은 산성 용액에 담그면 아연(Zn)은 전자를 내놓고 아연 이온(Zn^{2+})으로 산화되어 용액에 녹습니다. 아연에서 나온 전자는 황산에 있던 수소 이온(H^+)에 붙어서 수소(H_2) 기체가 되죠. 그런 다음 아연판과 구리판을 같이 묽은 황산에 넣어서 도선으로 연결합니다. 아연이 산화하면서 나온 전자가 수용액으로 가는 것보다 도선으로 이동하는 게 더 빨리 일어나기 때문에, **도선을 따라**

◆ 볼타 전지

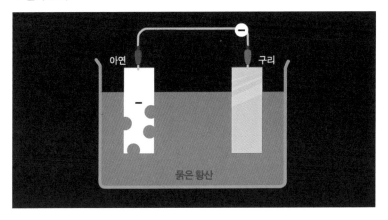

아연　　구리

묽은 황산

서 전자가 구리판으로 이동합니다. 아연이 음극, 구리가 양극이 되는 거
죠. 이렇게 전류가 흐르면서 전기가 발생합니다. 볼타 전지는 많은 단
점이 있었지만 지금 쓰이는 모든 전지들의 조상님이라고 할 수 있습
니다. 화학 에너지를 전기 에너지로 바꾼 기념비적인 발명품이죠.

　그리고 이 원리는 배터리의 기본적인 원리가 되고 있습니다. 다시
말해, 배터리에서 음극은 산화 반응이 일어나 전자를 방출하고, 양
극은 환원 반응이 일어나 전자를 받도록 하는 것입니다.

망가니즈 건전지와 알칼리 건전지

　볼타 전지처럼 충전이 안 되는 1차 전지는 지금도 사용되고 있습
니다. 바로 건전지인데요, 볼타 전지 같은 초창기 전지들은 묽은 황

산 용액 같은 걸 사용하다 보니까 용액이 밖으로 새는 일이 자주 있었습니다. 그래서 누수가 안 되도록 걸쭉하게 만들고 종이나 섬유질 같은 데 흡수시켜서 마른 것 같은 상태로 만든 것이죠. 건포도도 말린 거지만 약간 촉촉하죠? 건전지도 마찬가지입니다.

건전지는 망가니즈 건전지와 알칼리 건전지가 있습니다. 망가니즈는 예전엔 망간이라고 했는데 요새는 망가니즈라고 부릅니다. 둘의 원리는 같습니다. 망가니즈 건전지는 볼타 전지처럼 음극에 아연을 씁니다. 아연이 배터리를 원통형으로 감싸고 있죠. 건전지에 툭튀어나온 부분, 그 부분 안쪽에 탄소 막대 심이 길게 있는데 이 탄소 막대가 양극 역할을 합니다. 탄소 막대는 전자의 흐름을 원활하게 하는 역할을 할 뿐 직접 화학 반응에 참여하진 않습니다. 실제로 환원돼서 양극 역할을 하는 건 탄소 막대를 둘러싸고 있는 이산화망가

◆ 망가니즈 건전지

니즈라는 화합물입니다.

　망가니즈 건전지와 알칼리 건전지의 차이는 실질적인 양극 역할을 하는 이산화망가니즈와 음극인 아연 사이에 있는 전해질이 산성이냐 염기성이냐 하는 차이입니다. 망가니즈 전지는 가격이 싸지만 전압이 안정적이지 못하고, 알칼리 건전지는 가격이 좀 더 비싸지만 전압이 안정적이라는 장점이 있습니다.

전기차에도 쓰이는
2차 전지

납축전지

1차 전지는 음극의 물질이 전부 산화되면 방전됩니다. 그러나 2차 전지는 방전된 전지를 다시 충전할 수가 있죠. 충전이 가능한 2차 전지는 이산화납(양극)과 납(음극)을 황산 용액에 담가서 만든 '납축전지', 니켈 화합물(양극)과 카드뮴(음극) 사이에 알칼리성 전해질을 둔 '니켈-카드뮴 전지', 리튬 화합물(양극)과 흑연(음극) 사이에 전해질을 둔 '리튬 이온 전지'로 크게 3단계 정도로 발전했습니다. 납축전지나 니켈-카드뮴 전지는 중금속을 사용하기도 하고 단점들이 있어서, **요즘은 리튬 이온 전지를 가장 많이 사용합니다.**

2차 전지도 방전까지는 1차 전지와 비슷합니다. 납축전지부터 살펴 볼게요. 납축전지는 건전지보다도 먼저 나온 전지입니다. 황산 용액에 음극인 납 판과 양극인 이산화납 판을 교대로 세워 놓은 구조입니다. 묽은 황산에 납과 이산화납이 있었다가 납에 있던 전자가 도선을 따라서 양극으로 이동하고, 음극과 양극에서 화학 반응이 각각 일어나서 납과 이산화납이 황산납이 되고 전해질에 물이 더해집니다.

그런데 방전된 전지에 전압을 가하면 역방향의 화학 반응이 만들어집니다. 방전됐던 납축전지가 충전 과정을 통해 원래의 상태로 되돌아갑니다. 황산납이 된 음극, 양극이 다시 납과 이산화납이 되고 양극으로 옮겨갔던 전자도 음극으로 돌아갑니다. 방전이 화학 에너지가 전기 에너지로 바뀌는 과정이라면, 충전은 전기 에너지를 가해서 역반응의 산화-환원 반응이 일어나게 만들어 방전되기 전의 화학 상태를 만드는 과정입니다. **즉, 방전된 배터리에 전기 에너지를 가해서 원래의 상태로 되돌리는 것이 2차 전지입니다.**

납축전지는 충전이 가능했던 최초의 배터리지만 납이 중금속이

◆ **납축전지**

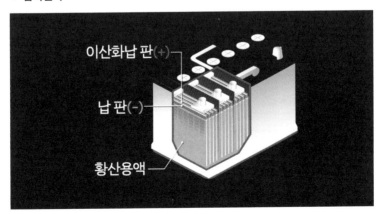

기도 하고, 다른 2차 전지보다 수명이 짧고 무겁다는 단점이 있습니다. 그래도 요즘에는 단점도 많이 개선되고 값도 싸서 주로 자동차 배터리로 쓰이고 있습니다.

니켈-카드뮴 전지

1900년경에 처음 나온 니켈-카드뮴 전지는 납축전지에 비해서 충전 시간도 짧고 작게 만들 수 있다는 장점이 있습니다. 그러나 납축전지와 마찬가지로 카드뮴이 해로운 중금속이라는 문제가 있죠. 또한 메모리 효과라고 해서, 완전히 방전된 상태가 아니라 부분적으로 방전된 상태에서 충전하면 배터리 용량이 줄어드는 문제도 있었습니다. 그래서 리튬 이온 전지가 대중화되면서부터는 많이 쓰이지 않고 있습니다.

리튬 이온 전지

리튬 이온 전지는 현재 휴대용 전자 기기에 가장 널리 쓰이는 2차 전지입니다. 전기차에도 리튬 이온 전지가 들어가죠. 리튬은 금속 중에서 가장 가볍고 에너지 저장 능력도 뛰어납니다. 다만, 물과 반응성이 너무 좋아서 물을 전해질로 쓰기는 어렵습니다. 그래서 전해질 기본 베이스를 물이 아닌 유기물질로 씁니다. 그리고 거기에 리튬염을 조금 녹여서 전해질을 만듭니다. 리튬염에서 리튬 이온이 바로 공급이 되기 때문에 리튬 전지라고 하지 않고 리튬 이온 전지라고 합니다.

리튬 이온 전지의 구조를 보면 음극에 탄소가 있습니다. 탄소는 금속만큼 전기 전도성이 좋지는 않습니다. 그래서 건전지의 탄소 막대처럼 전자의 흐름을 원활하게 하는 전도성이 좋은 물질을 따로 둡니다(집전체). 양극에는 리튬 화합물을 두고 마찬가지로 전도성 좋은 물질을 둡니다. 모든 건전지는 음극과 양극을 분리하는 분리막을 두는데요, 양극과 음극이 직접 접촉하면 과열돼서 불이 날 수 있기 때문입니다. 보통 '쇼트Short가 난다'고 하죠. 전자가 전지 외부회로를 따라서 멀리 돌아가야 하는데 전지 내부로 흘러서 '짧은 거리'에서 만나기 때문에 쓰는 표현입니다. 분리막이 없어도 음극과 양극 사이

◆ 리튬 이온 전지

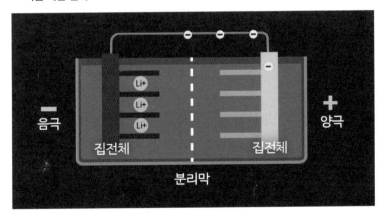

의 거리가 멀면 쇼트가 거의 일어나지 않지만, 거리를 멀게 하면 효율이 떨어지기 때문에 가깝게 해놓고 분리막을 치는 것이죠. 다른 배터리들처럼 음극 물질이 모두 산화하면 방전됩니다. 충전 방식은 납축전지와 같습니다. 전기 에너지를 써서 배터리를 원래 상태로 되돌리죠.

리튬 이온 전지 구조를 도식화하려다 보니 이렇게 설명을 드렸지만 실제로 배터리가 이런 모양으로 생기진 않았습니다. 전기차에 들어가는 배터리만 해도 모양이 크게 세 가지인데 T사의 전기차는 원통형 배터리를 씁니다. 음극판, 분리막, 양극판을 김밥처럼 돌돌 말아놓은 형태죠. T사 전기차에는 원통형 배터리가 빽빽하게 쫙 깔려 있어요. 원통형 배터리는 수급이 안정적이고 가격이 저렴하다는 장점이 있습니다.

파우치형 배터리도 있습니다. 배터리가 딱딱하지 않고 말랑한 파우치 같습니다. 필름처럼 얇은 음극판, 양극판이 분리막을 사이에 두고 겹겹이 쌓여 있는 형태입니다. 한 장 한 장이 마치 종이책을 넘기듯이 촤라락 하고 넘길 수 있을 정도의 두께예요. 에너지 밀도가 높다는 게 장점이고, 국내 전기차를 비롯해 많은 자동차 제조업체에서 쓰이고 있습니다.

마지막은 각형 배터리입니다. 음극판, 분리막, 양극판을 겹쳐놓은 다음에 접어서 통에 넣어놓은 식입니다. 통에 들어 있다 보니까 겉이 딱딱하고 충격에 강합니다. 독일이나 유럽 자동차 브랜드에서 많이 사용하는 배터리입니다.

여기까지 산과 염기, 산화-환원 반응, 그리고 산화환원 반응을 이용한 배터리까지, 생활 속 화학 지식을 만나봤습니다. 일상에서 자주 접하던 것들을 새로운 눈으로 볼 수 있어서 재미있으셨지요? 아쉽지만 화학 이야기는 여기에서 마치겠습니다. 다음 파트는 생명과학에 대한 이야기인데요, 신기하고 흥미로운 이야기를 잔뜩 준비했으니 기대하셔도 좋습니다!

×

Part 3

이유 없는 생명은 없다

생명과학

우리가 매일 숨 쉬고, 움직이며, 느끼는 모든 것이 생명에서 비롯됩니다. 이 평범한 일상이 사실은 얼마나 기적적인지 생각해 본 적 있으신가요? 세포 하나하나가 끊임없이 움직이며 DNA에 따라 우리 몸을 조율하고 그 복잡한 과정이 생명을 유지시키는 것을 알게 된다면, 매일의 삶이 그저 주어진 것이 아니라 경이로운 자연의 선물임을 깨닫게 되죠. 생명과학은 이러한 삶의 신비를 파헤치는 학문으로 단순한 과학적 지식을 넘어 우리의 삶에도 지대한 영향을 미칩니다.

생명과학은 그 방대함 때문에 모든 것을 다 다루긴 어렵습니다. 그래서 이 책에서는 그 중에서도 '진화'와 '유전'에 집중해 보려 합니다. 진화와 유전은 생명과학의 핵심이며 우리가 오늘날 왜 이런 모습으로 살아가고 있는지를 설명해 주죠. 이 두 가지는 생명의 기원과 미래를 이해하는 가장 중요한 열쇠입니다.

진화는 생명체가 시간을 두고 변화해 온 과정을 설명합니다. 이를 통해 우리는 인류가 어떻게 적응하고 발전해 왔는지 알 수 있습니다. 예를 들어 기린의 긴 목은 나무의 높은 잎을 먹기 위한 진화의 결과입니다. 기린의 조상들은 짧은 목을 가지고 있었을 테지만 생존에 유리한 형질을 가진 개체들이 더 많은 자손을 남기며 결국 오늘날의 모습으로 발전

한 것이죠. 지난 몇 년간 전 세계를 위협했던 코로나 바이러스의 탄생과 변이도 이러한 진화 과정 속에서 이해할 수 있습니다. 진화는 이렇게 우리 주변에서 실제로 일어났던 변화의 이야기를 풀어내죠.

유전은 그 변화가 어떻게 다음 세대에 전달되는지 설명합니다. 예를 들어 부모님 중 한 분이 파란 눈이라면 그 유전 정보가 자녀에게 전달돼 파란 눈을 가질 확률이 생기지요. 특정한 질병이 가족 내에서 반복되는 이유도 유전자에 있습니다. 우리의 특징뿐만 아니라 건강과 질병 역시 유전적 요인에 따라 결정되기 때문에, 유전을 이해하는 것은 개인 맞춤형 치료와 예방 의학에서도 중요한 역할을 합니다.

준비되셨나요? 이제 신비한 생명과학의 세계로 들어가서 생명이 가진 놀라운 힘을 함께 느껴봅시다!

08

진화,
원숭이는 사람이 될 수 없다

진화는 생명체가 오랜 시간에 걸쳐 변화해 온 과정을 설명하는 과학적 원리입니다. 우리가 살고 있는 지구는 계속해서 변화해 왔고, 그 안에서 생명체들이 적응하고 진화하며 오늘날까지 살아남았습니다. 이 변화의 과정 덕분에 지금의 인류와 다양한 생명체들이 존재하게 된 것이죠.

　우리가 알고 있는 진화론은 찰스 다윈*Charles Darwin*의 연구에서 시작되었습니다. 자연 선택을 통해 생명체들이 환경에 적응하며 점차 변화해 나가는 과정을 설명했죠. 19세기 영국에서 산업혁명 이후 과도한 석탄 사용으로 나무의 그을음이 심해지자 나무 색깔과 비슷한 어두운 색의 나방 개체수가 늘어났던 것은 자연 선택의 좋은 예시입니다. 항생제를 투여했을 때 항생제에 내성이 없는 세균은 도태되고, 내성이 있는 세균의 비율이 늘어나는 것 또한 자연 선택의 사례이죠. 진화는 단순한 이론이 아니라 생명체가 적응하고 발전해 온 실제 이야기입니다.

진화는 단지 생물학적 현상에만 국한되지 않습니다. 오늘날 진화는 사회적 현상, 심리적 현상을 설명하는 중요한 틀이 되고 있습니다. **인간의 행동, 문화, 그리고 사회 구조까지도 진화적 원리로 분석할 수 있습니다.** 예를 들어 인간이 서로 협력하는 본능도 진화의 결과로 해석할 수 있죠. 고대 인류는 무리 지어 생활하며 생존을 도모했는데, 협력과 상호 의존은 생존 가능성을 높였을 겁니다. 그래서 먹이를 함께 사냥하고 위험을 경고하며 서로 돌보는 행동, 즉 협력이 생존에 유리한 형질로 선택되면서 진화적으로 인류의 본능에 자리 잡게 된 것입니다.

이타심도 진화론적으로 설명할 수 있습니다. 다른 사람을 돕는 것은 나에게 돌아오는 이익이 없고 오히려 손해처럼 보일 수 있지만, 집단의 생존을 위해서는 필수적인 행동이었습니다. 위험을 무릅쓰고 다른 사람을 돕는 행동은 사회적 신뢰와 유대감을 강화했으며, 이는 결국 나에게도 간접적인 이익을 가져다주었습니다. 진화론적 관점에서 보면 이타심은 집단의 생존을 촉진하고 그로 인해 개인의 생존 가능성을 높이는 중요한 행동 전략이었던 셈이죠.

감정도 진화의 한 결과로 볼 수 있습니다. 감정은 단순히 우리의 내면에서 일어나는 것이 아니라 생존과 적응을 돕는 중요한 신호 역할을 합니다. 예를 들어 두려움은 우리를 위험으로부터 보호하려는 본능적 반응입니다. 고대 인류가 맹수나 자연재해를 두려워했던 것은 당연히 생존을 위한 것이었죠. 화 같은 감정도 자신을 보호하거나 위협을 물리치기 위한 반응으로 진화한 것입니다. 또 기쁨이나 사랑 같은 감정은 사회적 유대를 형성하고 협력을 촉진하는 역할을 합니다. 이러한 감정들이 진화한 이유는 결국 사회적 관계를 통해 생존 가능성을 높였기 때문일 것입니다.

코로나19 팬데믹에서 겪었듯이 바이러스도 진화하고 변이하면서 끊임없이 환경에 적응해 나갑니다. 이에 맞춰 백신을 개발하고 사회가 변화하는 과정은 진화의 현대적 사례라 할 수 있습니다. 이를 통해 진화가 생명체에만 국한되지 않고 우리 사회와 일상에도 깊숙이 영향을 미친다는 것을 알 수 있습니다. **진화는 단순히 과거의 이야기가 아니라 지금도 우리 눈앞에서 일어나고 있는 현상입니다.**

이번에는 생명체가 어떻게 변화해 왔는지, 그리고 이 변화가 우리에게 어떤 의미를 가지는지 살펴볼 것입니다. 시간 속에서 변화하는 생명의 이야기, 진화의 세계로 함께 떠나봅시다!

옥수수와 바나나가
개량 음식이라고?

품종 개량과 진화

잠깐 오른쪽 상단에 실린 첫 번째 사진을 봐주세요. 이런 식물, 본
적 있으신가요? 다소 생소한 이 식물의 정체는 '테오신트*Teosinte*'입니
다. 멕시코에서 자라는 이 식물은 '신의 곡물*Grain of the Gods*'이라는 뜻을
가지고 있습니다. 그런데 곡물이라고 하기에는 알갱이도 작고 개수
도 너무 적은 데다 단단하기까지 해서 먹기에도 안 좋습니다. 그래
서 농부들이 개량에 힘을 썼지요. 그 결과 우리가 요즘 많이 먹고 있
는 음식이 되었습니다. 바로 옥수수입니다. 옥수수가 일부러 품종을
개량해서 나온 음식이라는 건 저도 얼마 전에야 알았어요.

품종 개량 사례를 찾는 건 사실 멀리 멕시코까지 갈 것도 없습니
다. 우리가 매일 먹는 쌀도 좀 더 생산성을 높이고 맛있게 만들기 위
해서 계속 품종을 개량하고 있거든요. 토양, 기후 등 재배 여건도 변
하다 보니 이에 맞게 계속해서 연구하고 있다고 합니다.

◆ 테오신트와 야생 바나나

　두 번째 사진은 어떤 음식일까요? 개량하기 전, 야생 바나나입니다. 원래 크기가 작고 씨가 엄청 많았어요. 하지만 계속 개량해서 씨가 없는 종이 나오고, 지금처럼 먹기 좋은 바나나가 나오게 되었죠. 바나나를 잘라보면 안에 작고 검은 점들이 있죠? 이게 바로 퇴화한 씨앗의 흔적입니다. 야생의 바나나가 재배종으로 변하는 과정에서 씨앗이 점점 작아지고 줄어들었다는 사실을 보여주는 증거죠.

　지금 우리가 먹고 있는 수많은 음식은 이러한 육종 과정, 다시 말해서 동식물을 인간이 원하는 형태로 진화시키는 과정을 거친 결과물입니다. 씨 없는 포도, 씨 없는 수박도 육종 식품입니다. 다른 작물에 있던 유전자를 삽입하는 유전자 변형 식품_Genetically modified organism, GMO_과는 다르죠. 육종은 자기 유전자를 선택적으로 교배해서 개량하는 것입니다. 진화는 원래 자연에서 긴 시간에 걸쳐서 일어나는

과정이지만, 이렇게 인위적으로 짧은 기간에 진화 과정을 재현할 수
도 있습니다.

200만 종을
분류하는 방법

생물 분류의 기본은 '종'

지금 지구상에 얼마나 많은 생물이 살고 있을까요? 공식적으로 명명된 것만 180만 종 이상입니다. 실제로는 1,000만 종에서 1억 종까지도 있을 수 있다는 게 생물학자들의 추측입니다. 생물 다양성은 생명과학에서 아주 중요한 개념입니다. 물리학자들이나 화학자들이 원소를 주기율표로 정리하는 것처럼 생물학자들도 생물들을 일정한 규칙에 따라 정리하기 위해서 끊임없이 노력해 왔습니다. 쉬운일은 아니었죠. 겉만 닮았다고 같은 종으로 분류되는 게 아니라 서로 교배도 가능해야 하는 등 여러 가지를 복합적으로 고려해야 했으니까요. 이런 식으로 200만 종 가까이 구분했으니 얼마나 어려운 일인지 짐작하시겠죠?

그렇다면 생물을 실제로 어떻게 분류하는지 하나씩 살펴보겠습니다. 고등학교 교과서에서는 8단계, 중학교 교과서에서는 7단계로 분류하고 있습니다. 우리에게 가장 익숙하고, 또 기본이 되는 단계가 생물 분류 체계에서 가장 아래에 있는 '종Species'입니다.

종의 개념은 생물학에서 굉장히 중요한 개념입니다. 다른 종과 '생식적으로 격리된' 자연 집단을 말하죠. **다시 말해 같은 종이라고 부르려면 서로 교배해서 자손을 낳았을 때 그 자손도 번식할 수 있는 생식 능력을 가져야 합니다.** 사자와 호랑이로 설명해 보겠습니다.

사자와 호랑이는 서로 다른 종입니다. 서로 교배시켜서 자손을 낳도록 할 수 있지만 같은 종으로 분류하지는 않습니다. 수컷 사자와 암컷 호랑이가 교배해서 태어난 라이거와, 수컷 호랑이와 암컷 사자가 교배해서 태어난 타이곤은 사자와 호랑이의 특성을 모두 가지고 있으나 결정적으로 생식 능력이 없습니다. '종이 같다'고 말하려면 서로 교배해서 태어난 새끼도 생식 능력을 가져야 하는데 그렇지 못한 거죠. 둘은 자연 상태에서는 교배하지도 않습니다. 인간이 인위적으로 개입해서 라이거나 타이곤을 탄생시킨 겁니다.

반대 사례도 있습니다. 시베리안 허스키와 말티즈는 겉으로 상당히 달라 보이지만 둘 다 개입니다. 같은 개로 분류되는 이유는 무엇일까요? 교배하면 생식 능력이 있는 자손을 낳을 수 있기 때문입니다. 시베리안 허스키와 포메라니안도 마찬가지입니다. 둘 사이에 태어난 종을 '폼스키'라고 부르는데 폼스키도 자식을 낳을 수 있습니다. 같은 개에 속하는 거죠.

시베리안 허스키 ＋ 포메라니안 ＝ 폼스키

지렁이도, 거미도, 우리는 모두 '동물계'

'종'은 생물 분류 체계에서 가장 아래 단계입니다. 앞에서 7, 8단계로 생물을 분류한다고 말씀드렸었죠? 가장 아래 단계가 '종'이고, 그 위로 '속', '과', '목', '강', '문', '계', '역'이 있습니다.

'계'는 우리가 흔히 '동물계', '식물계'라고 말할 때 쓰는 그 '계'입니다. 계까지는 스웨덴의 식물학자 칼 폰 린네_Carl von Linné_가 만든 분류 체계인데요, 아마 계를 가장 큰 분류라 배우고 기억하는 분도 계실 겁니다. 그런데 그 위에 '역'이라는 단계가 하나 더 있죠? 역이라는 개념은 1990년에 미국의 과학자 칼 워즈_Carl Woese_가 추가했습니다. 생긴 지 얼마 안 됐죠? 기존에 우리가 알던 세균과 구분되는 고세균이 발견되면서 추가된 단계입니다.

이해하기 쉽게 사람으로 예를 들어볼까요? 우리 인류는 '진핵생물

역-동물계-척추동물문-포유강-영장목-사람과-사람속-사람종'에 속
합니다. '사람종'의 영어 학명은 '호모 사피엔스'입니다. 그 위의 단
계인 '사람속'에 속하는 생물로는 '호모 에렉투스', '호모 하빌리스'처
럼 '호모'라는 글자가 붙은, 지금은 멸종한 인류가 있습니다. 그 위인
'사람과'에는 침팬지, 고릴라 등이 속합니다. '영장목'까지 올라가면
여우원숭이, 안경원숭이도 인간과 같은 그룹에 포함됩니다. 그리고
'포유강'은 새끼에게 젖을 먹여 키우는 생물체로 개나 고래, 말, 곰이
추가되고요. '척추동물문'까지 가면 물고기도 우리 팀으로 합류합니
다. '동물계'까지 가면 지렁이, 거미가 들어오고요. '진핵생물역'은 식
물까지도 포함됩니다. 이렇게 거슬러 올라가다 보니 지구에 사는 생
물은 모두 하나라는 사실이 실감 나네요.

◆ 종, 속, 과, 목, 강, 문, 계, 역을 보여주는 피라미드

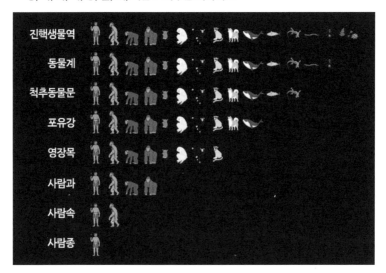

208

바퀴벌레와 새우가 사촌지간이다?

이렇게 하나의 공통 조상으로부터 하나씩 하나씩 가지가 갈라지면서 현재의 많은 생물종이 생겨났습니다. 그래서 **어떤 종이 얼마나 가까운지 알려면, 갈라져 나온 분기점이 얼마나 가까운지를 보면 됩니다.** 갈라져 나온 지점이 서로 가까울수록 두 종의 '유연관계'가 가깝다고 표현합니다. 유연관계는 '생물이 서로 어느 정도 가까운지 나타내는 관계'를 말합니다.

몇 년 전에 새우와 바퀴벌레가 사촌지간이라는 이야기가 인터넷에 떠돈 적이 있습니다. 데이비드 조지 고든David George Gordon은 자신의 저서 『바퀴벌레』에 바퀴벌레 맛이 새우랑 비슷하다고 쓰기도 했죠. 또 새우가 육지로 올라와서 바퀴벌레가 됐다고 주장하는 사람들도 있습니다. 하지만 이 주장은 과학적으로 사실이 아닙니다. 분류학적으로 둘은 매우 다른 그룹에 속하기 때문이죠. 둘 다 동물계-절지동물문에 속하지만 새우는 연갑강에 속하고, 바퀴벌레는 곤충강에 속합니다.

사람은 포유강입니다. 곰과 말도 사람과 같은 포유강에 속합니다. 그런데 새우와 바퀴벌레는 같은 강에 속하지도 않은 거예요. 사람과 곰보다도 계통학적으로는 더 관련이 없다는 뜻이죠. 개구리, 물고기가 사람이랑 같은 문에 속하니까 거의 그 정도로 다른 겁니다. 결과적으로 확실하게 말씀드리면, 새우와 바퀴벌레는 사촌지간이 아닙니다!

전복은 조개와 달팽이 중에 무엇과 더 가까울까?

바다에 사는 전복과 조개는 둘 다 껍데기가 있어서 비슷하게 보입니다. 하지만 의외로 전복은 조개보다 육지에 있는 달팽이와 더 가깝습니다. 조개는 이매패강에 속하는데 여기 속하는 생물은 껍데기가 양쪽에 있습니다. '이매패'가 껍데기가 두 장이란 뜻이거든요. 전복은 복족강에 속합니다. 달팽이도 복족강에 속하죠. '복족'은 배에 발이 달렸다는 뜻입니다. 전복과 달팽이는 둘 다 껍데기가 한쪽에만 있고 껍데기에 나선형 무늬가 있습니다. 바다에서 전복이 움직이는 모습을 보면 넓은 발로 바닥을 기어다니는 게 달팽이와 비슷해요. 조개보다 달팽이랑 유연관계가 가까운 거죠. 그러고 보니 둘 다 비싼 식재료라는 공통점도 있네요.

생명의 기원을
찾아서

최초의 생명체, 루카

생물들은 다 분류하기도 힘들 만큼 다양한데요, 그 많은 생물들은 어떻게 지구상에 존재하게 된 걸까요? 직관적으로 생각해 봐도 현존하는 모든 생물종이 처음부터 다 같이 뿅 하고 나타나고, 그 후 어떤 우여곡절도 없이 지금 상태로 쭉 이어져 왔을 거란 생각은 들지 않습니다. **영국의 자연학자 찰스 다윈은 『종의 기원』이라는 책에서 모든 생물의 공통 조상이 있었을 것이라고 썼습니다.** 영어로는 Last universal common ancestor, 앞 글자만 따서 '루카*LUCA*'라고 불렸는데요, 여기서 루카는 가상의 생명체입니다. 이 가상의 최초 생명체가 자손에서 자손으로 이어지면서 여러 가지 변이가 나타나고 다양하게 진화했다는 것이죠.

루카 같은 존재가 실제로 있었을까요? 진짜로 우리의 공통 조상이 있었을까요? 과학자들은 46억 년 전에 지구가 탄생했고, 39억 년 전쯤에 지각이 안정됐다고 추측하는데요, 바로 그때쯤에 최초의 생명체가 나타났을 거라고 주장합니다.

화학적 진화설

원시 지구는 지금과는 환경이 전혀 달랐습니다. 목성처럼 대기에 수소, 암모니아, 메테인 등이 많았고 산소는 거의 없었을 테죠. 바다는 뜨겁고, 운석과 혜성도 계속 충돌하고요. 한마디로 생명이 태어나려야 태어나기 힘든 척박한 환경이었습니다.

이런 원시 지구에서 도대체 어떻게 최초의 생명체가 생겨났는지, 사실 관찰할 방법은 전혀 없습니다. 그래서 과학적으로도 여러 가지 가설이 존재했죠. 고등학교 교과서에 실린 내용으로 말씀드리면, 러시아의 생화학자 알렉산드르 오파린*Aleksandr Oparin*이 제안한 '화학적 진화설'이라는 게 있습니다. 오파린은 대기 중의 메테인, 암모니아, 수소, 수증기가 서로 화학 반응을 일으켜서 아미노산 같은 단순한 유기 화합물이 되고, 그게 비와 함께 내려와서 바다에 모였다고 생각했지요. 이렇게 모인 유기물이 진하게 축적되면서 자기들끼리 결합해서 단백질, 핵산 같은 복잡한 유기 화합물이 되고, 이것이 원시 세포로 진화했을 거라고요. 오파린은 실험실에서 원시 세포가 만들어지는 과정을 재현하기도 했습니다. 그랬더니 실제로 액체 방울 형태의 유기 물질이 만들어졌어요. 그것을 '코아세르베이트*Coacervate*', 라틴어로 '함께 쌓여있는 덩어리'라고 불렀습니다.

코아세르베이트가 진짜 최초의 생명체에 가까운 물질인지는 확인할 길이 없습니다. 다만 1950년대 초반에 미국의 화학자 스탠리 밀러Stanley Miller와 해럴드 유리Harold Urey가 메테인과 수소 같은 걸 용기에 넣고 전기 방전을 일으켜서 무기물에서 단순한 유기물을 만드는 데 성공했습니다. 그로부터 5년 후 시드니 폭스Sidney Fox라는 과학자가 아미노산을 그보다 복잡한 유기 화합물로 만드는 데 성공했고요. 그럼에도 여전히 최초의 생명체가 어떻게 생겨났는지에 대해서 통일된 가설은 없고 다양한 아이디어가 공존하는 상태입니다.

돌연변이가
나타났다

변이와 진화

무엇이 됐든 최초의 생명체가 지구상에 나타났다고 가정해 볼게요. 그 후로 무슨 일이 있었을까요? 진화는 언제부터 시작되었을까요? 진화가 무엇인지, 구체적으로 어떻게 이루어지는지, 그 원리를 살펴보도록 하겠습니다.

진화의 원리를 이해하려면 '변이'라는 개념부터 이해해야 합니다. 그전에 없던 새롭고 특이한 뭔가가 나타나면 돌연변이가 나타났다고 하죠? 갑자기, 돌연히 나타난 변이라서 돌연변이라고 하는데요, 변이라는 개념도 그 돌연변이와 같습니다.

변이를 이해하기 쉽도록 우리가 잘 아는 것을 예시로 들어보겠습니다. 2019년 말 중국에서 처음 등장해서 전 세계를 휩쓸었던 코로나바이러스로 설명해 볼게요. 정확한 명칭은 '제2형 중증급성호흡기증후군 코로나바이러스'입니다. 영어로는 사스 코브 투*Severe acute* *respiratory syndrome coronavirus 2, SARS-CoV-2*라고 하죠. 처음엔 '우한 폐렴'이라는 명칭으로 한국에 들어왔고 몇 년 동안 전 세계를 마비시켰습니다. 평생 마스크를 쓰고 살아갈 것 같은 느낌이었는데 지금은 마스크를 벗고 지내고 있으니 다행이죠.

사스 코브 투 바이러스는 코로나바이러스의 변이종입니다. 코로나바이러스는 1967년 영국의 감기 연구소*Common Cold Unit, CCU*에서 처음 발견되었습니다. 기존의 감기 바이러스와 달리 입자 표면에 단백질이 튀어나온 모습이 왕관을 닮았다고 해서 코로나(왕관)바이러스라는 이름을 얻게 되었죠.

튀어나온 단백질을 스파이크 단백질이라고 부릅니다. 바닥이 뾰족뾰족한 축구화를 스파이크화라고 하잖아요. 같은 뜻입니다. 뾰족뾰족 튀어나와 있는 형태인 거죠. 사스 코브 투는 코로나바이러스의 스파이크 단백질에 변이가 생긴 것입니다. 스파이크 단백질은 바이러스가 우리 몸의 상피 세포에 달라붙을 때 중요한 역할을 합니다. 일반적으로 우리 몸의 면역체계는 이 스파이크 단백질을 감시해서 바이러스가 들어왔는지 판단합니다. 그런데 스파이크 단백질에 변이가 생기니까 바이러스가 침투해도 면역계가 빨리 알아채고 대응하지 못한 겁니다. 거기에 몇 가지 변이가 더해져서 더 적은 수의 바이러스로도 쉽게 감염되면서 유행처럼 급속도로 퍼져나갔습니다.

과학자들이 부랴부랴 백신을 개발하고 수많은 사람들이 1차 접종, 2차 접종까지 했지만 바이러스 변이가 너무 빠르다 보니까 백신으로 대응하기 힘든 돌연변이들이 줄줄이 나왔습니다. 알파, 베타, 델타, 오미크론까지, 이름도 참 많았습니다. 불과 2년 만에 다양한 변이가 나타난 것이죠.

진화는 이런 변이가 오랜 시간 누적되면 일어납니다. 원래 유전은 자신의 유전 정보를 100퍼센트 고스란히 전달하는 게 기본적인 콘셉트입니다. 그런데 다양한 이유로 100퍼센트 오차 없이 복제되지 않고 변이라는 게 일어납니다. 변이에는 어떤 목적도 방향성도 없습니다. 그냥 벌어지는 일이죠.

변이 후 자연 선택

다윈은 『종의 기원』에서 변이와 자연 선택을 진화의 가장 핵심적인 개념으로 손꼽고 있습니다. 그런데 변이와 자연 선택이라는 개념을 오해하는 분이 많습니다. 코로나바이러스로 예를 들어보죠. 어떤 분들은 바이러스가 백신을 피하려다가 새로운 돌연변이로 진화했다고 합니다. **하지만 변이는 100퍼센트 정확하게 복제가 안 되는 과정에서 그냥 나타납니다. 그리고 여러 가지 변이 중에서 환경에 유리한 것, 코로나바이러스로 치면 계속 개발되는 백신에 당하지 않는 변이가 살아남아서 결과적으로 우세종이 됩니다.** 이것이 바로 자연 선택입니다.

한때 진화에 대한 이야기가 나오면 자주 보이던 그림이 있었습니다. 기린이 높은 곳에 있는 나뭇잎을 뜯어 먹으려다가 목이 길어지는 방향으로 진화했다는 내용이었죠. 이것을 '용불용설'이라고 합니다. '용', 사용하면 발달하고, '불용', 안 쓰면 퇴화한다는 뜻인데요. 현재 기준에선 틀린 생각입니다. 후천적으로 목을 늘어나게 할 수 있다 한들 그런 특성은 유전되지 않습니다. 다시 한번 강조하지만 변이는 어떤 목적 없이 그냥 일어납니다.

정확히 설명하면 이런 겁니다. 어느날 갑자기 '이유 없이' 목이 긴 기린이 태어났습니다. 그 녀석은 운 좋게도 높은 곳의 나뭇잎까지 먹을 수 있었고, 덕분에 목이 긴 기린의 자손들이 더 많이 살아남아서 우세종이 됐습니다. 이것이 자연 선택 개념에 맞는 생각입니다.

빨간 나비는 어떻게 초록 나비가 되었나

상상력을 발휘해서 퀴즈를 하나 내보겠습니다. 숲속에 빨간 나비와 빨간색만 보면 귀신같이 달려들어서 잡아먹는 천적 개구리가 있습니다. 나비가 초록색이었다면 주변 색에 묻혀서 개구리가 사냥하기 어려웠을 텐데 안타까울 뿐입니다. 그런데 시간이 흐르고 보니 빨간 나비가 잘 보이지 않는 겁니다. 초록 나비로 진화해 버린 것이죠. 그 진화 과정은 다음 두 가지 중 어느 쪽이었을까요?

1번) 한 세대 한 세대, 차츰차츰 그라데이션으로 빨간색이 초록색으로 바뀐다.

2번) 어느 날 갑자기 변이된 초록 나비가 나타나 우세종이 된다.

우리가 말하는 자연 선택은? 딩동댕! 2번이 정답입니다.

변이에 대해 최종적으로 정리해 보면, '최초의 생명체가 세대를 거듭하는 사이에 다양한 변이가 일어났고, 각각의 환경에 유리했던 변이 종들이 자연 선택을 받으면서 오늘날 다양한 생물체로 진화했다'라고 말할 수 있겠습니다.

진화론의 네 가지 오해를 Q&A로 풀어보다

Q. 인간은 원숭이로부터 진화했나요?

아닙니다. 진화와 관련된 대표적인 오해입니다. 원숭이가 사람이 되는 그림을 보신 적 있으시죠? 진화론에 따르면 인간과 원숭이는 공통 조상으로부터 갈라져 나왔을 뿐입니다. 하지만 원숭이는 인간의 직계 조상이 아닙니다. 인간은 인간으로, 원숭이는 원숭이로 독립적인 진화를 해온 거죠. 원숭이가 인간이 된 게 아닙니다.

Q. 우월한 유전자를 가진 개체만 살아남나요?

우월한 유전자가 살아남았다기보다는 주어진 환경 조건에 유리한 유전자가 살아남았다고 보는 것이 더 정확합니다. 게다가 우월함을 정의하기도 상당히 힘듭니다. 피지컬이 세계 최강인 사람과 두뇌가 세계 최강인 사람 중에 누가 더 우월할까요? 상황에 따라 다르지 않을까요? 한 가지 조건만으로 우월하다고 결정하는 일은 참 어렵습니다.

Q. 바퀴벌레는 완벽한 생물이라고 하던데 사실인가요?

'바퀴벌레는 인류가 멸종해도 살아남을 것이다', '생명력이 끈질기다'라는 말을 들어보신 적 있을 겁니다. 하지만 이것도 오해입니다. 물론 바퀴벌레가 환경에 매우 잘 적응하는 생물일 수는 있습니다. 하지만 기후 변화를 비롯해 환경 조건이 갑자기 바뀌어도 살아남을 수 있는지는 장담할 수 없습니다. '완벽하다'는 것도 '우월하다'는 것처럼 진화에서는 정의하기 힘든 표현 중 하나입니다.

Q. 진화는 얼마나 빠르게 일어나나요?

캐릭터가 진화하는 게임이나 애니메이션이 많아서인지 진화를 매우 빠르게 일어나는 현상으로 오해하기도 합니다. 일반적으로 진화는 매우 느리게 일어납니다. 일부 환경에서 빠른 진화가 있을 수도 있지만, 보통은 수천에서 수백만 년에 걸쳐 작은 변화들이 축적되어 큰 변화로 이어집니다. 지구상의 모든 존재는 우여곡절을 겪으면서 지금까지 버텨왔습니다. 이런 사실들이 우리 곁에 살아 있는 것들을 좀 더 사랑할 수 있는 계기가 되었으면 좋겠습니다.

유전,
당신이 부모와 다른 이유

유전은 진화처럼 아는 듯 모르는 듯 헷갈리는 게 많은 분야입니다. 특히 유전은 키나 머리숱, 당뇨나 아토피처럼 삶에 영향을 미치는 것들과 연관성이 높아서 많이들 관심 갖죠. 그런데 이렇게 몸에서 일어나는 현상인데도 원인을 알아보기보다 "이거 다 유전이야" 하면서 퉁치고 넘어가려는 분도 있는 것 같아요. 그러나 유전은 단순히 대물림되는 것 이상의 복잡하고도 흥미로운 생명의 설계도입니다.

한번 생각해 보세요. 혹시 얼굴에 보조개가 있으신가요? 부모님은 어떠신가요? 부모님 중 한 분이나 두 분 모두 보조개가 있는데도 본인은 보조개가 없는 경우도 있을 겁니다. 왜 이런 일이 벌어지는 걸까요?

보조개는 우성 형질입니다. 뒤에서 설명드리겠지만 부모님 두 분

모두 보조개가 있다고 하더라도 보조개가 없는 유전자를 보유하고 있을 수 있습니다. 발현되지 않을 뿐이죠. 따라서, 보조개가 없는 유전자를 물려받으면 부모님이 보조개가 있어도 자식에게 다시 보조개가 나타나지 않을 수 있습니다.

유전의 세계는 단순히 부모님에게서 물려받은 외적인 특징에만 작용하는 작은 세상이 아닙니다. 우리 몸의 DNA가 어떻게 세포 하나하나를 조율하고, 유전자가 어떻게 건강과 질병에 영향을 미치는지를 설명해 줍니다. 키, 눈동자의 색, 또는 가족 간의 질병 경향까지, 이 모든 것은 유전자가 결정하는 것이죠. 그리고 현대과학은 유전자 편집이나 유전자 검사를 통해 개인 맞춤형 치료와 같은 새로운 가능성도 열어주고 있습니다.

이제부터는 유전자가 우리의 삶에 어떤 영향을 미치는지, 그리고 그것이 건강과 미래의 의학에 어떤 가능성을 제공하는지 탐구해 볼 것입니다. 이번 기회에 유전의 진실, 그리고 오해를 명확하게 파헤쳐 보시죠!

자녀는 부모를
얼마나 닮을까?

유전 형질과 획득 형질

자녀는 부모를 닮습니다. 부모의 외모나 성격상의 특징이 자녀에게 이어지기 때문이죠. **부모가 가진 '형질'이 자식에게 전달되는 현상을 '유전'이라고 합니다.** 형질은 눈꺼풀, 보조개, 주근깨처럼 생물이 가진 고유한 특징을 말합니다. 부모로부터 자식한테 유전되는 형질을 '유전 형질'이라고 하고, 후천적으로 노력해서 얻는 건 '획득 형질'이라고 구분하죠. 열심히 운동해서 얻은 근육, 수술로 만든 쌍꺼풀, 이런 것들이 획득 형질에 해당합니다.

유전과 관련된 유명한 개념 중에는 '우성과 열성'이 있습니다. 학교에서 멘델의 유전 법칙을 배울 때 나온 단어이다 보니까 많이들 기억하실 텐데요, 유전에서의 우성과 열성은 잘나고 못나고의 의미가 아닙니다. 단어만 들으면 왠지 우등생과 열등생을 나누어 놓은 '우열반'이랑 비슷한 느낌이 드는데 사실은 그렇지 않습니다. 우성은 대립하는 형질 중에서 다음 세대에 더 자주 발현되는 형질을 말합니다. 좀 전에 눈꺼풀은 유전 형질이라고 했죠? 눈꺼풀은 쌍꺼풀과 외꺼풀, 이렇게 서로 대립하는 형질이 있습니다. 쌍꺼풀은 우성인데요, 다시 한번 말씀드리지만 **우성은 다음 세대에 나타날 확률이 더 높다는 뜻이지 더 좋다는 의미가 아닙니다.**

흰 피부는 우성일까요, 열성일까요? 답은 열성입니다. 탈모는 우성일까요, 열성일까요? 답은 성별에 따라 다릅니다. 남성에게는 탈모가 우성이고, 여성에게는 탈모가 열성입니다. 이렇게 하나씩 보면 우성, 열성에 별 뜻이 없다는 걸 잘 알 수 있죠. 그래서 일본에서는 2021년부터 중학교 교과서에 우성, 열성 대신 눈에 띄는 성질과 숨어 있는 성질이라는 의미로 '현성', '잠성'이라는 용어를 사용하기 시작했다고 합니다.

DNA는 유전자가 아닙니다!

어느 정도 워밍업을 했으니 본격적으로 유전의 핵심 개념들을 짚어보겠습니다. 여러분께 DNA, 염색체, 유전자, 이 셋의 차이를 여쭤보면 이런 질문을 하시는 분도 있을 것 같아요.

"유전자를 영어로 하면 DNA 아닌가요?"

네, 아닙니다! 똑같은 게 아니거든요. 이번 기회에 하나씩 정확하게 살펴보시죠.

우리 몸에는 세포가 정말 많이 있습니다. 억 단위를 넘어서 조 단위라고 할 수 있습니다. 어디에선 60조 개라고 하고, 어디에선 100조 개라고 합니다. 편차가 좀 있지만 하여튼 정말 많다고 생각하면 됩니다. 사실 실제로 계산하기도 어렵습니다. 최근 연구 논문을 보면 30조 개 정도로 추정된다고 합니다.

세포에는 세포핵이 하나씩 들어 있는데, 이 핵에 들어 있는 게 바로 DNA입니다. '데옥시리보 핵산*Deoxyribonucleic acid*'의 줄임말이죠. DNA 구조가 발표된 해는 1953년으로, 밝혀진 지 그리 오래되지 않았습니다. 복잡한 분자 구조인데도 많은 분이 DNA가 어떻게 생겼는지 알고 계실 거예요. 아래 그림처럼 마치 사다리를 비틀어놓은 것처럼 생겼죠. DNA는 세포핵마다 46가닥씩 들어 있는데, 그 길이를 다 합치면 보통 세포 하나당 2미터 정도 된다고 합니다. 바로 이

◆ **DNA의 구조**

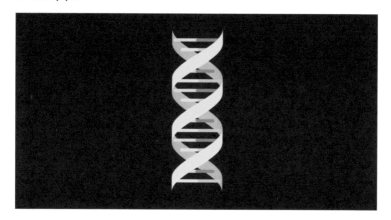

DNA에 생물 유전의 비밀이 담겨 있죠.

그렇다면 유전자는 무엇을 말하는 걸까요? **유전자는 DNA에서 유전 정보가 저장된 특정한 부분만을 말합니다.** DNA 전체가 유전 형질의 발현에 관여하는 게 아니라 특정한 부위만 관여해요. DNA가 책이라면, 유전자는 책 속의 중요한 페이지인 셈이죠. 하나의 DNA에는 많은 수의 유전자가 각각 정해진 위치에 존재합니다.

한 가지 더 말씀드리면 '유전체*Genome*'라는 것이 있습니다. '게놈'이나 '지놈'이라고 부르는데요, **한 생명체가 가진 모든 DNA의 유전 정보를 통틀어 말하는 것입니다.** 2001년에 종료된 인간 게놈 프로젝트가 바로 이 유전체로 유전자 배열을 분석하고 유전자 지도를 만드는 작업이었죠.

이제 DNA와 유전자에 대해 어느 정도 감을 잡으셨나요? 마지막으로 염색체에 대한 이야기를 할게요. 염색체를 이해하려면 먼저 세포 분열부터 짚어봐야 합니다.

체세포 분열과 염색체

우리 몸에는 수십조 개의 세포가 있습니다. 몸에 있는 세포는 크게 두 가지로 나눌 수 있습니다. 생식에 관여하는 '생식 세포'와 몸을 구성하는 '체세포'입니다. 생식 세포는 정자와 난자를 말합니다. 이것 외엔 없어요. 나머지 피부 세포, 신경 세포, 비만 세포, 근육 세포

등은 모두 체세포입니다.

체세포는 태어나서 죽을 때까지 계속 분열합니다. 아이가 어른이 되면 몸이 커지는 것도 세포가 분열해서 생물을 성장시키기 때문입니다. 그래서 애들보다 어른이 세포 수가 많습니다. 그럼 어른이 되면 더 커질 일이 없을 테니 세포가 분열을 멈추느냐? 그건 아닙니다. 세포 하나하나는 한번 생기면 크기가 커지거든요.

그럼 언제 분열하는 걸까요? 커다란 세포 하나보다 작은 세포 여러 개가 사방의 넓이를 다 계산했을 때 표면적이 더 넓습니다. 세포 사이에서 물질이 원활하게 왔다 갔다 하려면, 그러니까 신진대사를 좋게 하려면 표면적이 넓은 게 유리하겠죠. 그러니까 세포도 너무 커지기 전에 분열합니다.

사람의 피부 세포는 어느 정도 주기로 분열할까요? 한 달에 한 번? 일주일에 한 번? 땡! 피부 세포는 거의 24시간 주기로 분열합니다. 우리 몸이 이렇게 부지런합니다. 여러분은 스스로가 게으르다고 생각할 수도 있을 텐데요, 사실이 아닙니다! 여러분의 몸은 엄청나게 부지런합니다!

세포가 부지런히 분열을 하면 좋은 점도 있지만 문제도 생깁니다. 아까 세포핵 하나에 DNA가 46가닥씩 있다고 말씀드렸잖아요. 그런데 세포가 분열하면 세포핵과 세포질이 반으로 잘립니다. 그러면 어떻게 될까요? 원래 세포에 들어있던 DNA보다, 새로 생긴 세포의 DNA 개수가 적어질 수밖에 없죠. 그럼 이게 말이 안 되잖아요!

여기가 바로 감동 포인트입니다. 그래서 우리 몸이 뭘 하냐면요, **세포 분열을 하기 전에 DNA 개수를 정확히 두 배로 늘립니다.** 진짜 대박이죠!!! 이런 게 인체의 신비 아닐까요? DNA가 46가닥에서 92가닥으로 늘어납니다. 우리가 이사 갈 때 이삿짐을 상자에 넣어서 포장하는 것처럼, 실처럼 퍼져 있던 DNA도 분열할 때 질서정연하게 응축되어 X자 모양으로 합쳐집니다. 이것이 바로 염색체입니다. 특정 염색약에 염색이 잘 돼서 광학 현미경으로 관찰할 수 있기에 '염색체'라는 이름을 갖게 되었죠.

아래 그림의 X자처럼 생긴 것, 보신 적 있으시죠? 원래 있던 DNA 46가닥과 새로 복제된 46가닥이 뭉치고 응축되면, 염색 분체 2개가 X 모양의 염색체가 됩니다. 그리고 다시 둘로 찢어져서 각각 새로운 세포로 들어갑니다. 그런 다음 다시 원래대로 실처럼 풀어지죠. 이

◆ **염색체가 되는 과정**

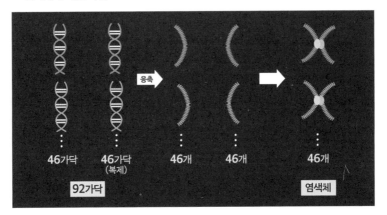

229

과정을 계속 반복하는 것이 체세포 분열입니다. 정말 신기하지 않나요?

생식 세포 분열과 상동 염색체

생식 세포는 체세포 분열과 다른 방식으로 세포 분열을 합니다. 왜냐하면 DNA가 엄마 세포에 46개, 또 아빠 세포에도 46개 있잖아요? 그럼 자식도 세포에 DNA가 46개가 있어야지, 더 있거나 덜 있으면 안 되잖아요. 그러니까 생식 세포는 엄마, 아빠의 세포가 합쳐졌을 때 46개의 DNA가 나오도록 설계가 되어야 하는 거죠.

그러니까 엄마 난자에 23개, 아빠 정자에 23개의 DNA가 들어가게끔 세포 분열을 해야 되는 겁니다. 이렇게 해서 합쳐지면 자식 세포에 DNA가 46개가 되겠죠? 그래서 생식 세포는 DNA 개수를 절반으로 줄이는 분열을 합니다. 이른바 '감수 분열'을 하는 거죠. 그래서 체세포 분열보다 복잡합니다.

엄마한테 23개, 아빠한테 23개의 DNA를 받아서 자식 세포에 총 46개의 DNA가 있다고 했죠? 이것이 체세포 분열처럼 하나씩 복제돼 46개의 염색체가 됩니다. 여기까지는 체세포 분열과 똑같습니다. 그런데 엄마한테 받은 23개의 염색체와 아빠한테 받은 23개의 염색체를 하나씩 보면, 모양이랑 크기가 같은 애들끼리 짝을 지을 수 있습니다. 이것을 '상동 염색체'라고 부릅니다.

"하나는 엄마한테서 온 거고 하나는 아빠한테서 온 건데 어떻게 모양과 크기가 같아요?"

충분히 궁금하실 수 있죠. 앞에서 생물종은 서로 번식이 되는 게 기준이라고 말씀드렸는데요, 같은 종이면 염색체의 크기와 모양이 같습니다. 엄마와 아빠가 모두 사람이라는 같은 종에 속하기 때문에 염색체의 크기와 모양이 같고, 엄마와 아빠한테서 받은 염색체는 상동 염색체로 묶일 수 있습니다. 이렇게 46개의 염색체가 총 23쌍의 상동 염색체가 됩니다.

감수 분열 할 때는 23쌍의 상동 염색체끼리 서로 달라붙습니다. 이제 46개의 염색체가 아니라 23쌍의 상동 염색체 쌍이 되는 것이죠. 개수를 줄이려고 빌드업을 한다고나 할까요. 그리고 세포 분열을 하면서 나눠집니다. 체세포는 46개의 염색체가 46개의 염색 분

◆ 생식 세포 감수 분열 과정

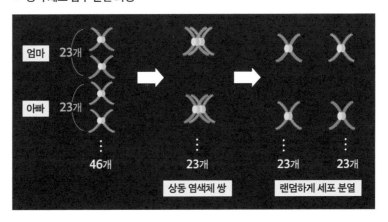

체로 찢어지면서 세포가 분열했잖아요. 그러니 새로 생긴 세포 둘이 내용상으론 다를 게 없겠죠. 그런데 생식 세포는 46개의 염색체가 23쌍의 상동 염색체 쌍이 된 다음, 양쪽으로 분리될 때 염색체가 하나씩 통으로 갑니다.

결과적으로, 새로 생긴 두 세포의 내용이 서로 달라집니다! 이것이 정말 중요한 포인트입니다. 서로 다른 세포로 나뉠 때 랜덤으로 엄마표 염색체, 아빠표 염색체가 찢어져서 가게 되는 거죠. 그러니까 이렇게도 조합이 되고 저렇게도 조합이 되어 다양한 유전자 조합을 가진 정자와 난자가 생깁니다. 똑같이 복제되는 체세포랑은 다르게 서로 다른 내용을 담고 있는 생식 세포들이 나오게 되는 거죠.

감수 분열에서 제일 중요한 하이라이트는 상동 염색체 쌍이 랜덤으로 찢어지는 바로 이 부분입니다. 이것이 바로 자손이 할머니, 할아버지, 아빠, 엄마를 닮으면서도 아주 똑같지는 않은, 다양한 특성들을 가지게 되는 이유입니다. 아빠 정자에도 친할머니, 친할아버지로부터 물려받은 유전자가 랜덤으로 섞여 있고, 엄마 난자에도 외할머니, 외할아버지로부터 물려받은 유전자가 랜덤으로 섞여 있는데, 이 다양한 조합의 정자와 난자가 합쳐지면서 또 한 번 랜덤으로 조합을 해 여러분이 태어난 거예요.

완두콩으로 알아보는
유전의 법칙

유전의 아이콘, 멘델

유전자, DNA, 염색체, 체세포 분열, 생식 세포 감수 분열까지 알고 나니까 왠지 유전을 다 배운 느낌인데요, 아직 유전의 아이콘이라 불리는 그 이름이 나오지 않았어요. '유전'하면 떠오르는 사람, 누구인가요? 바로 그레고어 멘델*Gregor Mendel*입니다. 멘델이 완두콩으로 실험을 한 것은 널리 알려진 사실입니다. 그런데 멘델이 완두콩으로 정확히 무엇을 했는지, 멘델이 왜 유전학의 아버지라고 불리는지는 잘 모르겠죠? 지금부터 멘델의 법칙을 한번 알아보겠습니다.

멘델은 19세기 오스트리아에서 태어난 수도사입니다. 당연히 과학자인 줄 아셨을 텐데 본업은 수도사예요. 원래는 자연 과학을 하는 과학자가 되고 싶었지만 그가 17세가 되던 해, 소작농이었던 아버지가 일을 하다가 크게 다칩니다. 가세가 기울어 어쩔 수 없이 수도회에 들어갔죠. 다행인 건 수도회에서 돈 걱정 없이 마음껏 공부를 할 수 있었다는 점입니다. 완두콩 실험도 수도원 정원에서 했습니다. '유전 법칙을 발견하기 위해서라기보다 교배 과정을 통해 좀 더 나은 완두콩을 만드는 게 목표였고, 하다 보니까 유전학의 밑거름이 되는 발견을 하게 됐다', 이렇게 추측하는 사람도 있긴 합니다.

다시 실험으로 돌아올게요. 멘델은 왜 하필 완두콩으로 실험을 했을까요? 정답은 성장 속도 때문입니다. 완두콩이 아주 빨리 자랐거든요. 다음 세대에 어떤 일이 생기는지를 빠르게 알 수 있었던 겁니다. 또 둥그런 콩, 찌그러진 콩 등 서로 다른 특징을 나타내는 대립 형질도 뚜렷했지요. 게다가 교배도 쉬웠으니 그야말로 실험에 딱 좋은 조건이었던 겁니다.

멘델은 '둥근 콩 vs 주름진 콩', '노란 콩 vs 초록 콩', '보라색 꽃 vs 흰색 꽃'…… 이런 식으로 총 7가지 대립 형질을 연구했고, 수많은

◆ 멘델이 실험에 사용한 완두콩의 7가지 대립 형질

형질	대립 형질
씨 모양	둥글다 vs 주름지다
씨 색깔	노란색 vs 초록색
꽃잎 색깔	보라색 vs 흰색
꼬투리 모양	볼록하다 vs 잘록하다
꼬투리 색깔	초록색 vs 노란색
꽃이 피는 위치	잎겨드랑이 vs 줄기 끝
줄기의 키	크다 vs 작다

실험을 통해 유전에 작용하는 두 가지 법칙을 알아냅니다. 첫 번째는 '분리의 법칙'이고, 또 하나는 '독립의 법칙'입니다.

분리의 법칙

'분리의 법칙'은 생식 세포가 만들어질 때 쌍으로 존재하던 유전자가 분리되어 서로 다른 생식 세포로 하나씩 나뉘어 들어가는 것입니다. 둥근 콩과 주름진 콩으로 예를 들어볼게요. 먼저 '자가 수분'이라고, 자기 꽃가루를 자기 암술머리에 붙이는 수분 과정을 통해 순종의 둥근 콩과 주름진 콩을 만듭니다. 둥글다는 걸 영어로 Round라고 하죠? 앞 자를 따서 '순종 둥근 콩 유전자 쌍'은 대문자 'RR'로 표기하고 '순종 주름진 콩 유전자 쌍'은 소문자 'rr'로 표기하도록 하죠. 두 콩의 생식 세포가 만들어질 때 RR 유전자 쌍은 R과 R로 분리됩니다. rr 유전자 쌍도 r과 r로 분리되죠. 이것이 분리의 법칙이에요. 아주 간단하죠? 가계도를 그려보면 한층 더 쉽게 이해가 됩니다.

RR과 rr이 자식 세대로 가면 어떻게 될까요? R과 r이 합쳐지는 조합밖에 나오질 않습니다. 그럼 R과 r이 합쳐진 잡종 콩이 나오면 어떤 모양이 될까요? 둥글면서 주름진 콩? 이런 게 있을까요?

이런 경우는 없습니다. 대립 형질을 둘 다 갖고 있어도 실제로는 둘 중 하나만 발현이 되는 것이죠. 그때 발현되는 형질을 '우성'이라고 합니다. 완두콩에서는 둥근 콩이 우성입니다. 그래서 부모 세대로부터 받은 유전자 중에 둥근 콩 유전자, 즉 R이 하나라도 있으면 둥근 콩이 되는 겁니다.

자, 이제부터는 심화 내용으로 들어가보겠습니다. 잡종 1세대 콩, R과 r이 합쳐진 녀석은 어떤 잡종 2세대를 만들 수 있을까요? 분리의 법칙, R과 r이 나뉘어서 생식 세포로 들어가기 때문에 'R×R', 'R×r', 'r×R', 'r×r' 이렇게 네 가지 조합이 가능하겠죠. 그런데 아까 R이 하나만 있어도 둥근 콩이 된다고 말씀드렸잖아요. 둥근 형질이 우성이기 때문에 잡종 2대에서는 둥근 콩 3, 주름진 콩 1이라는 3:1 비율이 나옵니다.

우리는 이미 결과가 나온 것을 배우니까 간단하게 이해되지만, 멘델은 엄청나게 많은 개체수로 실험을 통해 형질이 3:1로 발현되는 것을 알았고, 역으로 유전의 법칙을 생각해 낸 것입니다. 진짜 대단

◆ 한 쌍의 대립 형질의 유전

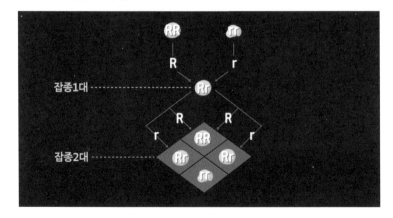

하죠. 이렇게 놀라운 발견을 했는데도 본업이 과학자가 아니라 수도 사였기 때문에 생전에는 인정을 받지 못했다고 해요. 사후 16년이 되던 1900년이 되어서야 성과를 인정받았으니 늦게나마 다행스러운 일이긴 합니다만, 후대 과학자들이 존경의 마음을 전하고 싶어도 이미 돌아가신 후였네요. 그러니까 여러분 "있을 때 잘합시다!" 이것은 인생의 진리입니다. 살아 있을 때 서로 사랑하고 감사의 마음을 전하면서 지내시면 좋겠습니다.

독립의 법칙

'독립의 법칙'은 이런 겁니다. '둥근 콩과 주름진 콩' 같은 대립 형질 하나에 '노란 콩과 초록 콩' 같은 또 다른 대립 형질이 더해졌을 때 서로 영향을 미치지 않고, 각각 독립적으로 유전된다는 겁니다. 둥근 콩이 나오면 초록 콩이 나올 확률이 올라가는 게 아니라, 둥근 콩과 주름진 콩의 대립 형질 따로, 초록 콩과 노란 콩의 대립 형질 따로, 독립적으로 유전이 되는 것이죠.

이것도 가계도로 보면 이해하기가 쉽습니다. 순종 둥글고 노란 콩은 대문자 RR과 대문자 YY로 표기합니다. Y는 Yellow를 뜻합니다. 순종 주름지고 초록색인 콩은 소문자 rr, 소문자 yy 조합입니다. 이 둘을 교배시키면 어떻게 될까요? 분리의 법칙으로 인해 각각의 생식 세포에 'R과 Y', 'r과 y' 형질이 들어갑니다. 1세대에서는 'R×r×Y×

y' 조합만 나오겠죠. 둥글고 노란 콩입니다. 둥근 콩, 노란 콩이 우성인 것이죠.

2세대로 가면 둥글고 노란 콩이 9, 둥글고 초록색인 콩이 3, 주름지고 노란 콩이 3, 주름지고 초록색인 콩이 1인 확률, 즉 9:3:3:1의 비율로 완두콩이 나옵니다. 대립 형질끼리 서로 영향을 미치는 게 아니라 독립적으로 유전되어 조합이 된 결과죠. 대립 형질이 더 많이 추가되어도 결과는 같습니다. 모두 독립적으로 유전됩니다.

지금은 유전에 대한 연구가 더 많이 이루어졌기 때문에, 유전 현상이 멘델의 법칙 두 가지로 전부 설명될 만큼 그렇게 간단하지 않다는 것을 과학자들도 잘 알고 있습니다. 대립 형질이 뚜렷하지 않은 것도 많고, 우열 관계가 분명하지 않은 것도 많고, 여러 개의 유전자가 복합적으로 작용해서 어떤 형질을 발현시키는 경우도 많습

◆ 두 쌍의 대립 형질의 유전

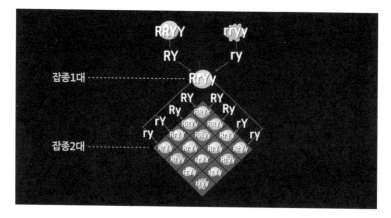

니다. 심지어 유전자가 있어도 환경의 영향에 따라서 형질이 나타나지 않기도 합니다. 그야말로 다양한 유전 현상이 나타납니다.

그럼에도 멘델의 법칙이 유전의 기본 원리를 잘 설명해 준다는 점에는 변함이 없습니다. 멘델 이후에 유전 연구를 한 과학자들도 멘델처럼 한 가지 생물, 예를 들면 초파리나 옥수수 같은 생물 하나를 골라서 실험하는 경향이 있다는 점만 봐도 멘델이 후대 과학자에게 미친 영향을 짐작해 볼 수 있습니다.

혈액형, 지능, 암, 유전이다 vs 아니다

혈액형은 어떻게 유전되나요?

사실 완두콩보다 더 궁금한 건 사람의 유전이죠. 사람의 경우 대립 유전자를 보여주는 좋은 예시가 바로 혈액형입니다. 멘델의 실험에서 사용된 완두콩의 모양과 색을 결정하는 대립 유전자는 각각 두 개였지만, 사람의 혈액형은 대립 유전자가 세 가지입니다. 각각 A, B, O로 표현하죠.

한 사람은 A, B, O 중에서 두 개의 대립 유전자를 가집니다. 대립 유전자 O는 A와 B에 대해 열성이고, 대립 유전자 A와 B는 우열 관계가 없습니다. 그렇기 때문에 내가 가진 유전자형이 AA이거나 AO면 A형이 됩니다. BB이거나 BO면 B형, AB이면 AB형, OO면 O형이 되죠. 그래서 부모님이 각각 A형과 B형이어도, 유전자형이 AO와 BO인 경우라면 자녀가 O형이 될 수 있습니다.

재미로 잠깐 말씀드리면, 전 세계에서 제일 많은 혈액형은 O형이라고 합니다. 우리나라에는 A형이 가장 많고요. 또 혈액형으로 성격을 알 수 있다는 이야기도 있죠. 혈액형 성격론은 20세기 초에 일본에서 처음 나온 이야기라고 알려져 있는데요, 당시 샘플이 300명 정도밖에 안 되었다고 합니다. 우리나라와 일본에서만 유행한 것 같아요. 지금은 MBTI가 그 자리를 대체하고 있어서 혈액형 이야기는 잘 안 나오는 듯하네요. 잘 아시겠지만 혈액형과 성격은 아무런 인과관계가 없습니다. 전혀 과학적이지 않은 이야기입니다.

지능도 유전이다?

'지능은 유전된다'라는 이야기도 들어보셨죠? 여러분은 어떻게 생각하시나요? 유전은 다른 과학적인 개념들에 비해서 생소하지 않기 때문에 우리가 잘 알고 있다고 생각하기 쉽습니다. 그런데 그게 진짜일까요?

지능은 하나의 유전자가 아니라 여러 가지 유전자가 복합적으로 작용해서 결정됩니다. 부모로부터 물려받는 유전자에 의해서 결정되는 부분도 있지만, 환경적인 영향도 무시할 수 없다는 게 공통된 연구 결과입니다.

고무줄에 비유해 볼게요. 타고나길 길게 태어난 긴 고무줄이 있고 그보다 짧은 고무줄이 있다고 합시다. 환경에 따라서 긴 고무줄도 늘이지 않으면 안 늘어나고, 짧은 고무줄도 길게 늘이면 자기보다 좀 더 길었던 고무줄만큼 길어질 수가 있습니다. 즉, 유전에 의해 결정되는 부분도 있지만, 환경에 의해서 달라지는 부분도 있기에 복합적으로 작용한다는 겁니다. 그러니까 여러분, 절대 한계를 만들지 마세요. 여러분은 무한한 고무줄입니다. 물론 힘들겠지만 쭉 늘려보세요. 분명 늘어날 겁니다!

암도 유전인가요?

'암은 유전병이다'라는 이야기도 자주 들립니다. 결론부터 말씀드리면 모두 유전병이라고 하기는 어렵습니다. 유전병은 유전자 이상으로 생기는 병입니다. 몸의 색소가 결핍돼서 몸의 모든 털이 하얘지는 알비노나 혈액이 응고되지 않는 혈우병처럼 100퍼센트 유전적인 원인에 의해서 발병하는 것이 유전병입니다. 이런 유전병도 환경에 따라 늦게 나타나거나 약하게 나타나기도 합니다. 암은 유전에 의해서 생기기도 하지만, 대부분 후천적인 영향이 많이 작용합니다. 가족력이 고려되긴 하지만 유전병이라고 확정 짓긴 어렵습니다.

'유전자 가위'라는 용어를 들어보셨나요? 유전자 가위는 현재 유전 공학 분야 최대 관심사라고 할 수 있습니다. 실제로 가위로 자르는 건 아니고, 화학적으로 특정 부위의 DNA를 삭제하거나 교체할 수 있는 기술입니다. 유전자 가위도 1세대, 2세대, 3세대가 있는데 지금은 '크리스퍼 카스나인*CRISPR-Cas9*'이라는 3세대 유전자 가위가 활발하게 연구되고 있습니다. 프랑스의 과학자 에마뉘엘 샤르팡티에 *Emmanuelle Charpentier*와 미국의 과학자 제니퍼 다우드나*Jennifer Doudna*가 개발해서 2020년에 공동으로 노벨 화학상을 받았죠.

유전자 가위는 인간의 유전자를 교정할 수 있는 획기적인 기술입니다. 이걸로 난치병을 치료한다고 하면 반대할 사람이 없겠지만, 어디까지가 치료이고 어디부터가 인체를 개조하는 것인지 경계가 불분명해질 수 있습니다. 인간이 인위적으로 유전자에 관여한다는 윤리적인 문제에다, 생각지 못한 부작용이 있을 수 있다는 위험성도 존재합니다.

2023년 크리스퍼 카스나인이라는 유전자 가위 기술로 낫모양적혈구빈혈증이라는 유전병을 치료하는 약이 미국의 FDA에서 승인되었습니다. 생명과학을 연구하는 사람들뿐만이 아니라 모든 사람이 한 번쯤 관심을 가져봐야 하는 주제가 아닐까 싶습니다.

이렇듯 유전은 우리의 삶과도 아주 밀접하게 연결되어 있어서 역시 과학은 먼 곳에 있지 않다는 생각을 하게 됩니다. 다음 파트는 저의 전문 분야인 지구과학입니다. 우주와 지구에 대해 놀랍고 흥미로운 이야기를 잔뜩 들려드리도록 하겠습니다.

Part 4

우주에서 찾아보는
우리들의 미래

지구과학

이제까지 물리, 화학, 생명과학의 핵심만 뽑아서 이야기해 드렸는데, 읽으면서 어떤 생각이 드셨나요? 이름만 알았던 대단한 과학자가 무엇을 했는지도 알게 되고, 새로운 지식도 알게 되니까 과학이 더 재미있게 다가오지 않았나요?

이제 저는 특히 더 설레는 마음으로 여러분께 새로운 길을 보여드리려고 합니다. 우리가 드디어 지구과학의 세계로 들어섰기 때문입니다! 저는 천문우주학을 전공했습니다. 하늘을 올려다보며 우주의 탄생과 진화, 그리고 그 속에서 지구의 형성과 생명의 기원을 생각하는 일이 저의 삶이었습니다. 이 과정에서 '나는 어디에서 왔는가?'라는 질문에 대한 과학적 답을 어느 정도 찾을 수 있었죠. 이러한 호기심은 자연스럽게 우주를 탐험하는 인공위성의 궤도를 연구하는 데까지 이어졌어요. 그렇게 제 세부 전공이 되었고, 저의 활동명인 '궤도'도 여기서 나오게 되었습니다.

우주의 먼지와 가스에서 시작된 별들의 이야기, 그 별들이 폭발하며 만들어낸 원소들로 이루어진 지구, 그리고 그 지구에서 탄생한 생명까지. 이 모든 것이 지구과학의 범주에 속합니다. 지구과학은 우주의 기원과 지구의 형성뿐만 아니라, 오늘날 인류가 직면한 기후 변화와 날씨의 원리까지 탐구하는 학문입니다. 지구가 어떻게 살아 숨 쉬고, 변화해 왔는지를 이해하는 것은 인류의 미래를 준비하는 데 중요한 역할을 합니다.

지구과학 파트에서는 지구의 내부 구조부터 대기와 해양, 기상 현상에 이르기까지, 지구와 관련된 여러 흥미로운 주제를 탐구해 볼 것입니다. 또한 지구를 넘어 태양계와 우주로 시선을 넓혀, 우주 속 인간의 위치와 의미를 함께 찾아가 보려고 합니다. 이러한 여정을 통해 '나는 누구인가?', '나는 어디에서 왔는가?'라는 질문에 과학이 어떤 시각을 제공할 수 있는지, 그 답을 함께 찾아가는 시간이 되기를 바랍니다.

준비되셨나요? 이제 지구와 우주의 신비한 세계로 함께 떠나봅시다!

10

지구,
알수록 소중한 나의 행성

우리가 매일 밟고 숨 쉬며 살아가는 지구는 그야말로 경이로운 존재입니다. 하지만 정작 우리는 이 푸른 행성에 대해 얼마나 알고 있을까요? 우리가 발 딛고 있는 지구는 사람과 생명이 살아가는 삶의 터전일 뿐만 아니라, 그 자체로도 수많은 미스터리를 간직하고 있는 거대한 시스템입니다.

중요한 것은 지구는 단순한 암석 덩어리가 아닌, 끊임없이 변화하는 행성이라는 것입니다. 지각의 움직임으로 인한 대륙 이동과 화산과 지진 같은 지질 현상, 그리고 지구를 둘러싼 대기와 해양이 서로 상호작용하며 만들어내는 기상 현상까지, 이 모든 것이 지구가 가진 역동성의 일부입니다.

지구는 또한 우주에서 유일하게 생명체가 존재하는 행성으로 알려져 있습니다. 지구의 자기장은 태양의 방사선으로부터 지구를 방어하며 생명체가 살아가기에 적합한 조건을 유지하는 데 중요한 역할을 합니다. 또 지구는 태양과의 적절한 거리에 위치해 있어 너무 뜨겁지도, 너무 차갑지도 않은 골디락스 존에 속합니다. 이 덕분에 물이 액체 상태로 존재할 수 있으며, 이는 생명 유지에 필수적인 요소입니다. 지구의 공전과 자전 속도 역시 생명체에게 적합한 환경을 제공합니다. 하루와 계절의 변화를 통해 지구는 온도를 일정하게 유지해서 생명체가 살기에 적합한 기후를 조성하죠. 지구가 지금의 모습으로 유지되고 있는 데에는 수많은 우연과 필연이 얽혀 있습니다.

이번에는 지구를 보다 깊이 있게 이해하고, 우리가 살아가는 이 행성이 어떤 구조로 되어 있고 어떻게 만들어졌는지 알아보는 시간이 될 것입니다. 지구의 기원, 지구 내부의 비밀, 그리고 우리의 미래까지, 이 모든 이야기가 여러분을 기다리고 있습니다. 이제 지구의 숨겨진 이야기를 함께 풀어보러 가볼까요?

슈퍼노바,
그리고 지구의 탄생

우리가 사는 곳은 블루 마블

아래에 유명한 사진을 한 장 보실까요? 사진의 제목은 '푸른 구슬 _The Blue Marble_'입니다. 1972년 12월 7일 아폴로 17호의 승무원이 지구로부터 3만 킬로미터쯤 떨어진 지점에서 촬영한 것입니다. 우리가

◆ 푸른 구슬(출처: NASA)

잘 알고 있는 보드게임 '부루마블'도 여기에서 이름을 따왔습니다.

일론 머스크가 화성에 가려고 한다는 사실은 유명하죠. 화성 말고도 인류가 살 수 있는 곳이 있다면, 우리는 어디든 도전할 겁니다. 그런데 어디로 가야 할지 찾다보면 분명히 알게 되는 사실이 하나 있습니다. 바로 지구만 한 곳이 없다는 사실입니다. 정말 지구가 최고예요! 우주에 어쩌다 이렇게 딱, 우리가 살 수 있는 곳이 만들어졌을까요?

과학이 없을 때는 이 문제를 상상으로 해결했습니다. 그리스 신화에서는 대지의 여신 가이아가 하늘, 바다, 산을 낳았다고 하죠. 중국의 창세 신화에서는 반고라는 최초의 거인이 하늘을 떠받치고 살다가 죽으면서 그 뼈와 살로 세상이 만들어졌다고 했고요. 지구가 곧 우주였던 시절의 상상력이 만들어낸 이야기들입니다. 신화는 흥미롭긴 하지만 지구가 어떻게 생겨났는지 객관적으로 알려주진 못합니다. 지구가 언제 어떻게 생겨났는지 가장 합리적으로 설명해 줄 수 있는 건 과학이죠. 저는 오로지 과학에 근거해서 지구의 출생 비밀을 추적해 보겠습니다.

지구를 품은 태양계의 탄생

거대한 우주에서 보면 창백한 푸른 점 하나일 뿐이지만, 이 지구에는 여러분들과 저, 또 우리가 사랑하는 것들이 모두 모여 있죠. 지구의 지름은 약 12,742킬로미터, 둘레는 약 40,075킬로미터입니다. 대부분 암석과 금속으로 이루어져 있고, 표면의 70퍼센트는 바다입니다. 지구가 원래부터 지금의 모습은 아니었습니다. 처음 생긴 이후부터 계속, 거대한 하나의 생명체처럼 변화해 왔기에 미래의 지구는 지금과는 또 다른 모습이 되겠죠. 지구의 미래도 과거도 확실한 것은 없습니다. 과학의 눈으로 추측할 뿐이죠. 지구의 시작을 말하려면 지구를 품은 태양계의 이야기부터 시작해야 합니다. 태양계가 생기면서 지구가 태어났으니까요.

약 138억 년 전, 빅뱅과 함께 우주가 태어났습니다. 태양계는 그보다 훨씬 나중에 생겼어요. 지금으로부터 약 46억 년 전쯤입니다. 최대한 간단히 설명해 볼게요. 우주 공간에 가스와 먼지가 구름처럼 모여 있었는데, 어느 날 주변에서 초신성이 펑! 하고 터진 겁니다. 초신성이 뭐죠? 뛰어넘을 초超, 새로울 신新, 별 성星. 영어로는 슈퍼노바Supernova입니다. 이름만 보면 갓 태어난 별 같죠? 사실은 늙은 별입니다. 늙은 별이 수명을 다해서 폭발하는 것인데, 엄청난 에너지와 빛이 뿜어져 나오기 때문에 새로운 별이 태어나는 것처럼 보여서 초신성이라는 이름이 붙었습니다. 모든 별이 이렇게 크게 폭발하는 건 아니고 질량이 엄청나게 큰 별, 즉 태양보다 훨씬 커야 초신성 폭발이 일어납니다.

어마어마하게 큰 별이 터지면 그 영향 때문에 가스와 먼지구름이 하나로 뭉치기 시작합니다. 가운데는 질량이 큰 원시 태양이 생기고, 주변엔 물질들이 빙글빙글 돌면서 모여들죠. 도는 속도가 점점 빨라지면서 가스와 먼지가 납작한 원반 모양이 되고 여러 개의 고리가 생깁니다. 이 고리들에 가스와 먼지가 뭉쳤다가 서로 충돌하면서 '미행성체'가 만들어집니다. 찰흙에 찰흙을 던지면 턱턱 붙어서 점점 커지잖아요. 그것과 비슷합니다. 이런 미행성체들이 충돌하면서 어떤 것은 산산조각 나서 사라지고, 어떤 것은 살아남아 크기가 점점 커지면서 행성이 됩니다. 지구도 그렇게 생긴 것이죠.

8개의 행성과 명왕성

태양계에는 8개의 행성이 있습니다. 수성, 금성, 지구, 화성, 목성, 토성, 천왕성, 해왕성이죠. 예전엔 명왕성까지 9개였는데 천문학자들이 명왕성은 행성으로는 자격 미달이라고 봐서 2006년에 빠지게 되었습니다. 8개의 행성 중에서 앞에 있는 4개의 행성인 수성, 금성, 지구, 화성을 '지구형 행성'이라고 합니다. 뒤에 있는 4개의 행성인 목성, 토성, 천왕성, 해왕성은 '목성형 행성'이라고 하죠.

'지구형 행성'은 상대적으로 태양 가까이에 있어서 온도가 더 높습니다. 녹는점이 높고, 질량이 큰 암석이나 금속이 남아서 행성을 이룹니다. '목성형 행성'은 태양이랑 멀어서 온도가 낮습니다. 원반처럼 빙빙 돌 때 가벼운 기체 같은 게 바깥쪽으로 밀려나서 만들어진 행성들이다 보니 밀도가 낮습니다. 그 대신 크기가 지구형 행성들보다 훨씬 커서 질량도 큽니다.

  아쉬우니 명왕성에 대한 이야기를 한 가지 해드릴게요. 명왕성이
태양계 행성에서 빠지던 해에 아이러니하게도 미국 항공 우주국*NASA*
에서 명왕성으로 탐사선을 보냈습니다. 물론 오래전부터 준비를 해
왔고, 발사도 태양계 탈퇴가 발표되기 반년 전쯤 했었죠. 탐사선 이
름이 뉴허라이즌스*New Horizons* 호인데 2006년 지구에서 출발해 10년
후인 2015년, 명왕성으로부터 12,500킬로미터 정도 떨어진 곳까지
도착합니다. 정말 가까이 다가간 건데요, 우리가 지구를 볼 때 사용
하는 위성보다 가까이 붙은 거니까 정말 초근접인거죠. 덕분에 우
리가 처음으로 가까이서 명왕성을 볼 수 있게 되었습니다. 아래 사
진을 보니, 우리가 명왕성을 행성으로 부르고 말고는 중요하진 않은
거 같아요. 명왕성은 명왕성, 우주는 그냥 우주입니다.

◆ 뉴허라이즌스 호가 찍은 명왕성 사진(출처: NASA)

46억 년
○ 지구의 역사

원시 지구의 형성

미행성체들이 충돌하고 결합하면서 원시 지구가 점점 커졌다고 했습니다. 부딪칠수록 온도가 높아져서 원시 지구 크기가 지금의 절반 정도 됐을 때는 거의 마그마 바다 같은 상태였죠. 그 상태에서 1년에 천 개 정도 되는 미행성체가 계속 와서 부딪혔고, 그러면서 크기는 점점 더 커졌습니다. 원시 지구는 그야말로 불지옥에 가까웠다고 볼 수 있습니다. 그 와중에 철이나 니켈 같은 무거운 물질은 지구 중심으로 가라앉아 핵을 이루고, 규소나 산소처럼 상대적으로 가벼운 물질은 위로 떠올라서 맨틀을 형성합니다.

그런데 어느 순간, 시도 때도 없이 날아오던 미행성체가 슬슬 줄어듭니다. 지구 표면 온도도 낮아지면서 마그마가 식어서 원시 지각이 됩니다. 대기 중에 수증기가 차가워져서 비가 되어 내리고, 빗물이 모여서 최초의 바다가 됩니다. (최초의 바다를 만든 물에 대한 가설은 다

256

양합니다. 복잡한 이야기이므로 '최초의 지구에도 물이 생길 만한 매커니즘이 있었다' 정도로 알고 계시면 좋겠습니다.) 생명의 기원을 설명하는 많은 가설 중에서 바다의 역할은 항상 중요한 것으로 여겨지죠. 현재 태양계 행성 중에서 지구만이 유일하게 바다를 보유하고 있다는 사실! 그리고 바다만 있는 게 아니라 육지와 적절히 섞여 있다는 것! 이건 정말 기적 같은 우연입니다.

행성에 이름을 붙여주자

이름만 보면 수성에 물이 있을 것 같은데, 수성엔 정작 물이 없습니다. 그렇다면 왜 이름을 수성이라고 했을까요? 수성, 금성, 화성, 목성, 토성 같은 이름은 동양의 음양오행설에서 나온 이름입니다. 목성은 표면이 나무 무늬 같아서 목성, 화성은 붉으니까 불과 같다고 화성이라고 불렀죠. 그런데 수성은 주인 없던 글자를 그냥 붙여서 수성이 됐다고 합니다. 지구는 우리가 살고 있는 곳이니, 밖에 있던 행성들처럼 이름을 안 붙이고 '공 모양 땅'이라는 뜻으로 지구라고 부릅니다. '지성'이라고 하지 않고요.

서양에선 행성 이름에 그리스 로마 신화의 신 이름을 붙였습니다. 수성은 태양 주위를 빨리 도는 듯 보여서 신의 심부름꾼인 메르쿠리우스 같다고 머큐리*Mercury*라고 불렀죠. 금성은 밝고 아름다우니까 미의 여신 이름을 따서 비너스*Venus*, 화성은 붉은 게 꼭 전쟁터 같다고 해서 전쟁의 신 마르스_{Mars}라고 불렸고요. 목성은 제우스의 로마식 이름인 주피터_{Jupiter}, 토성은 제우스의 아버지 크로노스의 로마식 이름인 사투르누스에서 이름을 따서 새턴_{Saturn}이 됩니다. 천왕성, 해왕성은 각각 하늘의 신 우라노스와 바다의 신 넵투누스에서 이름을 따서 우라누스_{Uranus}, 넵튠_{Neptune}이라고 부릅니다.

참고로 동양에서 천왕성, 해왕성이라고 부르는 건 서양식 이름인 우라누스, 넵튠을 그대로 갖고 온 겁니다. 그때까진 동양에서 이 행성들을 관측하지 못했기 때문에 서양에서 쓰던 것을 번역해서 들여온 거죠.

지구는 몇 살일까?

다시 지구 이야기로 돌아와볼까요? 지구가 46억 년 전에 생겼다고 하면 이런 질문을 많이 받습니다.

"아니, 우리 할아버지 때 있었던 일도 정확히 모르는데 도대체 무슨 근거로 46억 년 전에 생겼다고 하는 거예요?"

지구의 나이는 당연히 추정치입니다. 현재 과학계에서 가장 널리 받아들여지는 지구 나이 46억 년은 미국의 지구과학자 클레어 패터슨_{Clair Patterson}이 밝혀낸 것입니다. 이분은 납에 대한 연구를 많이 했고, 납이 인체에 해롭다는 걸 밝혀냈습니다. 공장에서 납이 들어간 제품을 줄이고, 우리가 납 중독에 빠지지 않을 수 있는 것도 이 분

덕분이죠. 납의 위험성만 밝혀낸 게 아니라 납으로 운석이나 암석의 나이를 측정하는 방법도 개발하셨습니다. 바로 이 방법으로 지구 나이를 추측하는 겁니다. '방사성 동위 원소 분석'이라는 것이죠. 납보다 무거운 우라늄 같은 원소들은 불안정합니다. 그래서 납 정도의 질량이 될 때까지 붕괴하면서 점점 가벼워집니다. 이때 원소가 일정한 기간 동안 일정한 비율로 바뀌기 때문에, 그 비율을 재면 절대 나이가 나옵니다. 이 방법으로 지구에서 제일 오래된 암석을 찾으려는 시도도 있었는데요, 캐나다 북서부에서 40억 년 정도 된 암석을 발견했다고 합니다. 아카스타 편마암이에요. 그런데 지구는 지각 활동이 워낙 활발하잖아요. 화산도 있고, 지진도 있고, 풍화작용도 있고요. 그래서 지구에 있는 암석으로 나이를 측정하는 건 조금 부정확하다며, 우주에서 날아온 운석이나 달에서 찾은 암석 같은 걸로 태양계와 지구의 나이를 짐작하고 있습니다. 여기서 공통으로 나온 수치가 바로 46억 년입니다.

사랑할 수밖에 없는
오로라

지진파로 알아보는 지구의 구조

어렵게 지구 나이를 측정했지만, 나이와 과거만 알아내기 어려운 게 아니었습니다. 현재 지구가 어떤 상태인지도 알아내기가 쉽지 않죠. 일단 너무 크니까요. 지구 속이 어떻게 생겼는지 보고 싶어도 파 본다고 될 일도 아닙니다. 석유 시추를 예를 들어볼까요? 지금 중국에서 가장 깊은 시추공을 만들려고 한다는데, 목표 깊이가 10킬로미터라고 합니다. 인류가 제일 깊이 판 구멍이 1970년부터 20년 동안 러시아가 뚫은 '콜라 슈퍼 딥*Kola Super Deep*'이었어요. 미국과 소련이 과학 경쟁을 하던 시기에 소련이 뚫은 것인데, 깊이가 무려 12킬로미터 정도라서 빠지면 돌아올 수가 없었죠. 그래서 지금은 뚜껑을 잘 덮어놨습니다. 원래는 15킬로미터 정도 뚫어보려고 했는데요, 12킬로미터까지 갔더니 압력과 온도가 예상보다 훨씬 더 높은 겁니다. 온도가 무려 180도로 돌이 말랑말랑할 정도였대요. 그래서

12.262킬로미터 쯤에서 시추를 중단하게 됩니다. 그러니까 시추 정도로는 핵, 맨틀로 지구가 구성되어 있다는 사실을 결코 알 수 없습니다. 그런데 우리는 지금 알고 있잖아요? 도대체 어떻게 안 걸까요? 제가 과학을 좋아해서 그런 게 아니라, 과학자들이 진짜 대단하지 않나요?

지구의 구조를 알아낸 비결은 바로 '지진파'입니다. 이름처럼 지진과 관련이 있습니다. 지진이 발생하면 잔잔한 호수에 돌을 던졌을 때 물결이 퍼져 나가는 것처럼, 지진이 발생한 지점에서부터 사방으로 파동이 전달됩니다. 이것이 지진파입니다.

지진파는 지표면을 따라서 전달되는 '표면파'가 있고, 지구 내부를 통과하는 '실체파'가 있습니다. 지구 내부를 파악하려고 할 때 활용한 것이 바로 실체파이고, 실체파는 P파와 S파로 나뉩니다. P파는 Primary wave, 첫 번째 파동을 말합니다. S파는 Secondary wave, 두 번째 파동이죠.

지진이 발생하면 관측소에 P파가 먼저 옵니다. P파에 의해서 땅이 수평 방향, 앞뒤로 흔들리다가 S파가 오죠. 속력은 P파보다 느리지만 땅을 수직 방향, 위아래로 흔들어서 지진 피해가 훨씬 심각합니다. 마지막으로 표면파가 오는데 이 지진파는 지진이 난 곳에서 멀리까진 안 갑니다. 이런 지진파로 도대체 어떻게 지구의 구조를 알아낸 건지, 이제부터 알아보겠습니다.

맨틀의 발견

'지진학의 아버지'로 불리는 크로아티아의 지진학자 안드리야 모호로비치치_Andrija Mohorovičić_는 지진파를 분석하다가 한 가지 사실을 깨달았습니다.

"지진파가 지구를 뚫고 지구 반대편으로도 갈 수 있구나!"

그리고 땅속에서 어떤 깊이가 되면 지진파 속도가 횡하고 빨라지는 걸 알게 됐죠. 왜 속도가 빨라졌을까? 생각하다가 이 부분은 지각이 아닌 다른 물질로 이루어져 있을 거라는 결론을 내렸죠. 그것이 '맨틀'입니다. 맨틀_Mantle_은 망토_Manteau_와 어원이 같습니다. 어깨를 감싸는 망토처럼, 핵을 감싸고 있어서 맨틀이라고 부릅니다. 맨틀의 존재를 처음 발견한 사람이 모호로비치치입니다. 그래서 지각과 맨틀의 구분 선을 '모호로비치치 불연속면', '모호면'이라고 부릅니다. 지각은 또 대륙 지각과 해양 지각이 있는데 대륙 지각이 더 두껍고, 바다 밑에 있는 해양 지각은 바다 대륙 지각보다 얇습니다.

지구의 전체 부피 중에서 지각이 차지하는 비율은 1퍼센트밖에 안 됩니다. 가장 큰 부분은 84퍼센트를 이루고 있는 맨틀입니다. 맨틀은 기본적으로는 고체인데, 온도가 엄청 높아서 녹은 부분도 있기에 천천히 움직일 수도 있습니다. 맨틀이 '대류'한다고 하죠. 바로 이 대류 현상 때문에 맨틀 위에 있는 지각판이 움직여서 지진이나 화산 활동이 생기는 겁니다.

◆ 지각과 맨틀의 구분선, 모호면

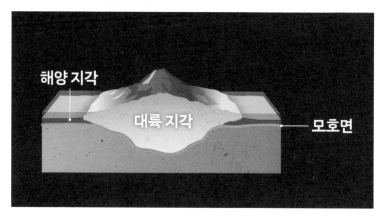

외핵과 내핵

외핵과 내핵의 존재를 알게 된 원리도 비슷합니다. 지진파가 어디를 지나가느냐에 따라서 속도가 달라지거나 휘거나 심지어는 지나가지 못하기도 합니다. 지진파를 감지하다 보면 어디는 P파가 오고 조금 후에 S파가 오는데, 어디는 P파만 도착합니다. S파가 어딘가를 통과하지 못한 거죠.

S파는 액체를 통과하지 못합니다. 핵은 액체로 됐으니 당연히 통과하지 못하겠죠? P파는 액체를 통과를 하긴 하는데 확 느려집니다. 그래서 새로운 사실을 알게 된 거죠.

"아, 맨틀과 다른 뭔가가 또 있구나!"

이렇게 핵의 존재를 발견한 사람이 독일의 지진학자 베노 구텐베르크_Beno Gutenberg_입니다. 이분의 이름을 따서 맨틀과 핵이 구분되는 경계면을 '구텐베르크 불연속면'이라고 부릅니다. 이제 다 끝났냐고요? 아직 끝이 아닙니다. 핵도 외핵과 내핵으로 나뉘거든요. 과학자들이 일을 너무 열심히 한 덕분입니다. P파가 어떤 지점에서 또 다시 굴절하는 걸 발견했거든요.

"아, 여기는 또 다른 게 있구나!"

외핵과 구분되는 내핵을 찾아낸 거죠. 구텐베르크가 외핵을 발견했을 당시만 해도 지진계가 그만큼 섬세하지 않았습니다. 그래서 내핵까지는 몰랐다가 나중에 지진계가 더 발전하면서 내핵의 존재까지 알게 된 것이죠. 내핵을 발견한 사람은 덴마크 지진학자 잉에 레만*Inge Lehmann*입니다. 외핵과 내핵을 구분하는 면은 '레만 불연속면'이라고 부릅니다.

외핵과 내핵을 조금 더 살펴볼까요? 외핵은 지구 자기장을 만드

◆ **지구의 구조**

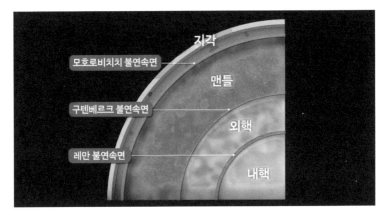

는 액체화된 금속 같은 겁니다. 쉽게 말해 액체 상태라고 생각하시면 됩니다. 맨틀은 주로 암석이지만, 외핵은 주성분이 철이나 니켈 같이 전도성이 큰 금속입니다. 지구가 자전할 때 외핵의 물질들도 같이 회전하면서 지구의 자기장을 만들죠. 이것을 '다이나모 이론'이라고 하는데 지구의 자기장을 설명하는 가장 유력한 이론입니다.

내핵은 액체가 아닌 고체입니다. 좀 이상하죠? 이렇게 생각하실 수도 있을 것 같아요.

"내핵은 외핵보다 안쪽에 있으니까 더 뜨거운 거 아닌가요? 그럼 액체가 되거나 기체가 되어야 하잖아요!"

내핵이 고체라고 하는 데는 이유가 있습니다. 지진파 감지를 하면 외핵에선 느려졌던 P파가 내핵에선 좀 더 빨라지는 겁니다. 그래서 고체라고 추정한 것이죠.

물질의 상태는 보통 고체, 액체, 기체 3가지로 나누고 교과서에도 그렇게 쓰여 있습니다만, 실제로 물질의 상태는 더 다양할 수 있습니다. 최근 연구에서는 내핵이 액체이자 동시에 고체이기도 한 초이온 상태라는 증거를 제시하기도 했습니다. 골격 구조를 가지면서도 유동성을 가지는, 즉 고체와 액체의 특성을 동시에 갖는 상태일 수 있다는 것입니다. 조금 수준 높은 이야기가 계속 이어졌는데요, 재미있게 잘 읽고 계시리라 믿어 의심치 않습니다!

지구 자기장과 오로라

앞에서 외핵의 물질들이 회전하면서 지구 자기장을 만든다고 말씀 드렸는데요, 이 지구 자기장은 우리에게 정말 중요한 요소입니다. 우주에는 태양풍이 있습니다. 태양으로부터 엄청난 에너지의 입자, 하전 입자(전하를 띠고 있는 입자)가 사방으로 날아다니는 겁니다. 태양풍은 일종의 방사선이기에 몸에 엄청나게 해로운데, 이것을 자기장이 막아줍니다. 남극과 북극 주변에서는 오로라를 볼 수 있는데요, 이건 자기장이 우리를 지켜준다는 증거랍니다.

태양풍이 들어올 때 자기장 방어막이 날아오는 하전 입자들을 양극 쪽으로 모아줍니다. 양극 쪽에 굉장히 많은 하전 입자가 모이기 때문에, 일부가 자기장 사이로 삐져나오면서 대기랑 만나기도 합니다. 이때 대기랑 반응하면 오로라라는 현상이 나타납니다. 가끔 태양풍이 강력할 때는 극지가 아닌 곳에서도 오로라를 볼 수 있습니다. 2024년 우리나라 강원도 화천에서도 오로라가 관측됐었죠.

자기장은 철새의 이동과도 관련이 있습니다. 지도도 없이 어떻게 해마다 그 먼 길을 찾아오는 걸까요? 비둘기도 예전에는 편지를 배달하는 전서구로 이용하곤 했습니다. 길을 찾는 능력이 뛰어나서였죠. 이것이 가능한 이유가 지구의 자기장 덕분입니다. 철새들은 체내에 있는 물질을 활용해 자기장을 감지할 수 있습니다. 최근 연구에 따르면 철새의 망막에 있는 단백질이 그런 역할을 할 수 있다고 합니다. 영화 「코어」에는 자기장이 없어지니까 비둘기 떼가 방향 잃

266

고 떨어지는 장면이 나옵니다. 과학적인 근거가 있는 이야기죠.

지금까지 지구의 과거와 현재를 살펴봤는데, 어떠셨나요? 이미 알고 있는 내용도 있고, 새롭게 알게 된 부분도 있을 겁니다. '지구가 이렇게 생겨났구나!' 또는 '지구의 내부가 이렇게 생겼구나' 하는 것도 물론 중요하지만, 이런 사실을 알아내기까지의 과정을 조금이나마 느껴보셨으면 좋겠습니다. 방사성 동위 원소 분석으로 돌아갈 수 없는 지구의 과거를 유추하고, 지진파를 통해 들어갈 수 없는 지구의 내부를 추측하는 과학자들의 노력을 말입니다.

일상생활을 하다 보면 수많은 과학자들과 그들이 발견한 이론들이 우리를 도울 때가 참 많다고 느낍니다. 정말이지 과학을 알면 알수록 감사할 일이 늘어납니다. 그래서 저는 감사 일기를 쓰는 대신 과학을 공부합니다.

11

날씨와 기후,
인류에게 보내는 위기의 신호들

날씨는 단순한 하늘의 변덕이 아닌, 우리의 일상을 좌우하는 중요한 요소입니다. 일기 예보를 확인하는 것은 하루의 필수적인 일과 중 하나죠. 비가 온다는 예보가 있다면 우산을 챙기고, 더운 날씨가 예상되면 가벼운 옷을 입고 외출하는 등 그날의 날씨에 따라 우리의 선택과 행동이 결정됩니다. 예를 들어, 폭염이 예상되는 날에는 외출 계획을 줄이거나 냉방이 잘 되는 곳을 찾게 되고, 눈이나 폭설이 내릴 예정이라면 출근길이 늦어질 것을 감안해 일찍 일어나 준비합니다. 날씨는 또 그날의 일상뿐만 아니라 우리의 계획, 기분, 안전까지도 좌우하곤 하지요.

　날씨와 비슷한 느낌을 풍기는 단어, 기후는 무엇일까요? 날씨가 단기적인 현상이라면, 그 뒤에는 지구의 대기와 해양이 서로 복잡하게 상호작용하며 긴 시간에 걸쳐 나타나는 기후라는 더 큰 현상이

자리 잡고 있습니다. 기후는 특정 지역의 장기적인 날씨 패턴을 의미하며 지구의 환경과 생태계를 형성하는 중요한 역할을 합니다. 한때 지구를 지배했던 공룡의 멸종에도 기후 변화가 큰 영향을 미쳤죠. 기후는 지구의 역사와 미래를 결정짓습니다.

최근 우리는 단순한 날씨 변화를 넘어 기후 변화라는 더 큰 위기에 직면해 있습니다. 추석에도 폭염 경보가 내려지고, 올해가 앞으로 남은 여름 중 가장 시원한 여름이라는 경고는 우리가 마주한 지구온난화의 심각성을 뼈저리게 느끼게 합니다. 지금의 기후 변화는 이전의 일상과는 비교할 수 없는 거대한 변화를 의미하며, 앞으로 우리의 삶과 지구에 큰 영향을 미칠 것입니다.

이번에는 일상의 작은 변화에서부터 지구의 거대한 기후 패턴까지를 살펴보며, 날씨가 어떻게 형성되고 대기와 해양의 순환이 어떻게 우리의 삶에 영향을 미치는지 탐구할 것입니다. 태풍 같은 극단적인 기상 현상이 왜 발생하는지, 그리고 지구온난화와 같은 장기적인 기후 변화는 어떤 방향으로 향하고 있는지 함께 알아보겠습니다.

이 거대한 기후 시스템 속에서 우리는 어떤 역할을 할 수 있을까요? 또 우리가 함께 실천해야 할 것들은 과연 무엇일까요?

여름은 길어지고
겨울은 짧아지고

날아가던 새도 떨어뜨린 폭염

2024년의 여름은 유난히 무더웠습니다. 여름이 유난히 길게 느껴지기도 했죠. 272쪽의 그림을 보시면 그냥 느낌이 아니라 실제로 변했다는 것을 아실 겁니다. 우리나라 사계절의 길이 변화인데요, 유난히 눈에 띄는 사실이 있습니다. 봄과 가을도 달라지긴 했지만 크게 차이 나는 것은 여름과 겨울입니다. 여름은 20일이 길어지고 겨울은 22일이 짧아졌습니다. 거의 100년 사이에 일어난 변화니까 드라마틱하다고 볼 수 있습니다. 이런 추세라면 2100년쯤에는 서울의 겨울은 70일 정도, 여름은 170일 정도 되고, 부산과 제주에는 겨울이 아예 사라질 수도 있다고 합니다. 온실가스를 줄이려는 노력을 하지 않는다면 말이죠.

기후 변화는 너무 많이 나오는 이야기여서 둔감해지기도 했을 겁니다. 그런데 상당히 신경 써야 하는 상황은 맞습니다. 2024년 여름

◆ 우리나라의 사계절 길이 변화(자료: 기상청)

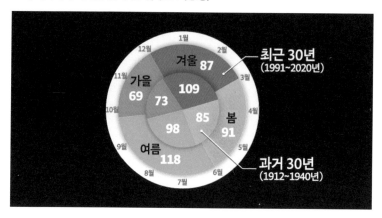

에 인도 기온이 섭씨 50도까지 올라갔었죠. 120년 만의 폭염이라고 했습니다. 델리에는 열사병 클리닉이 생겼고, 날아다니던 새가 탈수 때문에 떨어질 정도였습니다! 우리나라도 동남아처럼 스콜_Squall_ 같은 비가 쏟아지고 예전보다 훨씬 더 고온다습해진 느낌이죠. 평생 에어컨 없이 지내시던 분들도 최근 몇 년은 에어컨 없이 버티기 힘들다는 말씀을 하시더라고요.

평균 온도가 1.5도 높아졌다

기후 변화의 원인 중에서 첫 번째로 손꼽는 게 지구온난화입니다. 대기 중에 온실가스 농도가 올라가면서 지구 평균 기온이 올라가는 현상이죠. 가끔 보면 온실효과와 온난화를 헷갈리시는 분들이 계시는데, 온실효과는 나쁜 게 아니고 자연스러운 겁니다. 태양 에너지가 지표면으로 흡수되면 지표면에서 적외선으로 방출됩니다. 그중에 일부가 대기에 흡수돼서 지구를 다시 따듯하게 유지해 주는 게 온실효과입니다. 쉽게 말해 이불을 덮는 거죠. 이불을 덮으면 내 몸에서 나오는 열기가 밖으로 안 나가고 이불 안에서 돌죠? 그래서 따뜻한 겁니다. 이런 온실효과가 없으면 생명체는 너무 추워서 살 수가 없습니다.

그런데 무엇이든 과하면 문제가 되죠. 이불의 역할을 하는 온실가스가 지나치게 많아지면 따뜻함을 넘어서 뜨거워집니다. 한여름에 오리털 이불 100겹을 덮는다고 생각해 보세요. 그게 바로 지구온난화인 겁니다. 지구온난화는 좋은 뜻이 아닙니다. 특히 인간의 활동이 지구온난화에 영향을 미친다는 게 현재 과학자들이 합의한 결론이기 때문에 우리는 지금보다 훨씬 더 많이 신경을 써야 합니다. 최근에는 '지구가열화'라는 이야기까지 나올 정도로 심각한 상황입니다.

현재 지구의 평균 기온이 산업화 이전보다 1.5도 가까이 올랐다고 합니다. 평균 온도는 1도만 올라도 엄청나게 큰 겁니다. 지구의 평균 기온을 가리키기 때문이죠. 어제보다 1도 높네? 하고 가볍게 넘길 문제가 아닙니다. 예를 들어 제가 친구들한테 1만 원씩 준다고 가정해 볼게요. 친구 10명한테 주는 건 크게 부담되지 않습니다. 그런데 지구의 모든 인류한테 1만 원씩 주는 건 불가능합니다. 엄청나게 많은 돈이 필요하거든요. 평균 온도 1도가 올라간다는 건 엄청난 에너지가 들어가는 어려운 일입니다. 지금 그 어려운 일이 눈앞에 벌어지고 있는 것이고요.

평균 온도가 1도 오르면 가뭄과 홍수가 훨씬 자주 일어나고, 평균 온도가 2도 오르면 인간보다 모기한테 더 좋은 환경이 됩니다. 인간을 가장 많이 죽인 생명체, 1위가 모기입니다. 모기가 많아지면 전염병이 많이 돌 수 있죠. 솔직히 거기까지 안 가도 모기가 드글드글하다고 생각해 보세요. 상상만 해도 싫네요. 그러니까 가능할 때 노력을 해야 합니다.

오래 전 공룡이 멸종한 것도 화산 폭발, 운석 충돌이 직접적인 이유가 아닙니다. 그로인해 결국 기후가 달라졌기 때문이었죠. 그러니까 날씨는 우리가 살고 죽는 일, 생존과도 깊은 연관이 있죠. 가끔 저한테 지구가 진짜 멸망하냐고 묻는 분들이 계신데요, 제 대답은 늘 같습니다.

"지구는 멸망하지 않습니다. 인류가 멸망할 뿐입니다."

지구를 살려야 한다는 것은 어떻게 보면 교만한 말입니다. 지구는 지구일 뿐, 아무렇지도 않을 겁니다. 그러니 지구를 살려야 하는 게 아니라 인류를 살려야 하는 게 맞는 거죠. 지구를 인류가 살 수 있는 환경으로 유지해야 한다는 거죠.

그런 의미에서 앞으로 말씀드릴 내용을 귀담아 들어주시면 좋겠습니다. 일상에서 한 번씩 생각날 만한 내용도 있고, 앞으로 일기 예보를 볼 때도 도움이 될 겁니다.

구름, 유성, 오로라가 있는
지구 밖 이야기

대기의 구성

날씨와 기후의 차이를 아시나요? 섞어 쓰기도 하지만 둘은 조금 다른 말입니다. 날씨는 그날그날의 기온, 습도, 강수량 등을 말하고, 기후는 오랜 기간의 날씨 정보를 통틀어서 말하지요. "내일 기후 어때?" 이런 말은 하지 않잖아요. 날씨가 모여서 기후가 된다고 생각하시면 될 듯합니다.

날씨의 변화는 지상에서 10킬로미터 정도 되는 '대류권'에서 일어납니다. 지구 내부가 '지각-맨틀-외핵-내핵'으로 되어 있는 것처럼, 지구를 감싸고 있는 대기도 '대류권-성층권-중간권-열권'으로 나눌 수 있습니다.

대기층의 높이는 더 멀리까지 보는 경우도 있지만, 우리는 편의상 우주와 지구의 경계를 고도 100킬로미터 정도로 잡습니다. 여기를 '카르만 라인'이라고 부릅니다.

지상에서 위로 10킬로미터 정도는 '대류권'입니다. 질소와 산소 등 전체 대기량의 80퍼센트가 여기 몰려 있습니다. '대류'는 대기가 움직이는 걸 말합니다. 따듯해진 공기는 위로 올라가고, 차가운 공기는 아래로 내려오죠. 그래서 대류권에 날씨 현상이 생깁니다.

'성층권'은 대류 작용이 거의 없어서 날씨 변화라고 부를 만한 것이 없습니다. 거의 안 변하죠. 비행기를 타고 창밖을 보면 구름이 아래에 있잖아요. 비행기가 대류권 위쪽으로 다니기 때문인데요, 정확히는 대류권과 성층권 사이의 경계면으로 주로 다닙니다. 성층권은 높이 50킬로미터 정도까지이고, 자외선을 막아주는 오존층이 대부분 성층권에 있습니다.

지표면 위로 50~80킬로미터 정도를 '중간권'이라고 합니다. 보통 어떤 물체가 우주에서 대기권에 들어오면 불에 탑니다. 그런 현상이 일어나는 곳이 중간권입니다. 우리가 유성, 별똥별이라고 부르는 현상이 일어나죠. 크기가 커서 지표면에 올 때까지 다 안 타고 도착하면 운석이라고 부르고요.

마지막으로 '열권'은 진짜 우주와의 경계라고 할 수 있습니다. 대기의 밀도는 낮고 온도는 1,000~2,000도까지 올라가죠. 태양에서 나온 태양풍, 하전 입자가 대기권 안으로 삐져 들어와서 생기는 오로라는 열권에서 볼 수 있는 현상입니다.

지켜라, 오존층!

성층권을 이야기할 때 나왔던 오존층, 이 이야기도 빠질 수 없죠. 자외선을 막아준다는 사실은 다 아실 겁니다. 만약에 오존층이 없으면 어떻게 될까요? 강한 자외선이 그대로 인체에 닿아서 피부암이나 백내장 같은 병이 생길 확률이 높아집니다. 오존층은 반드시 잘 보존되어야 하죠. 그런데 안타깝게도 이미 구멍이 나 있습니다. 특히 극지방은 다른 곳보다 오존층이 얇아서 좀 더 잘 뚫리죠.

오존층에 구멍이 났다는 사실이 발견된 것은 1980년대입니다. 이후로 냉장고나 에어컨에 쓰던 프레온 가스 등 오존층을 파괴하는 물질들을 제한하려고 노력을 많이 기울였죠. 덕분에 지금은 오존층에 난 구멍이 조금 줄어들었다고 하는데, 산불이 크게 나면 다시 커지기도 하면서 여러 가지 이유로 계속 변화하고 있습니다.

바로 이런 문제들, 우리가 처한 현실을 인식하고 그걸 해결하는 데 기꺼이 자기 삶을 헌신하는 사람들이 바로 과학자들입니다. 제가 과학을 좋아하는 건 알면 알수록 재밌기 때문이기도 하지만, 인류를 위해서 노력하는 과학자분들에 대한 존경심도 크게 영향을 미칩니다. 모든 과학의 이면에는 과학자들의 숨은 노력이 있으니까요. 그래서 여러분께 많이 알려드리고 싶습니다. 이런 점도 느낄 수 있다면 더 의미 있게 과학을 만나실 수 있을 겁니다.

기분이 저기압이면
고기 앞으로 가세요

날씨는 왜 변할까?

날씨 변화는 대류권에서 발생합니다. 그렇다면 대류권에서 어떤 일이 일어나는 걸까요? 우리가 기분 나쁠 때 쓰는 표현 중에 "기분이 저기압이다"라는 말이 있죠. 이 말은 사실 굉장히 과학적인 말입니다. 저기압인 곳은 진짜로 날씨가 우중충하고 흐리기 때문입니다.

우선 기압에 대해 알아볼까요? 기압에는 고기압과 저기압이 있습니다. 고기압은 말 그대로 기압이 높다는 뜻이고, 저기압은 기압이 낮다는 뜻입니다. 기압은 공기의 압력입니다. 보통 공기는 아주 가볍고, 심지어 무게가 없다고 생각하실 수도 있겠지만, 공기에도 질량이 있습니다. 그래서 공기가 어떤 면에 압력을 가하죠. 기체가 아무리 가벼워도 몇십 킬로미터에서 몇백 킬로미터 높이로 쌓여 있으면 무게가 나갈 수밖에 없습니다. 여기서 잠깐 퀴즈를 내볼게요.

"지면을 기준으로 가로, 세로 각각 1센티미터의 면적에 실려 있는 대기의 무게가 얼마나 될까요?"

답은 1킬로그램 정도입니다. 1제곱센티미터마다 1킬로그램의 공기가 실려 있는 것이죠. 그렇다면 가로 세로 각각 10센티미터에는 몇 킬로그램의 공기가 실려 있을까요? 무려 100킬로그램입니다! 우리가 매일 짊어지고 있는 공기가, 사실은 엄청 무거운 거예요. 그런데도 우리 몸이 납작해지지 않고 지금 형태로 유지되는 이유는, 몸 안에서도 그만큼의 힘으로 밀어내고 있기 때문입니다. 우리가 지면에서 받는 대기압의 평균을 1기압이라고 합니다. 우리 몸도 내부 기압이 1기압 정도 되는 거죠.

그럼 1기압 이상이면 고기압인가? 하시겠지만 절대적인 기준은 없습니다. 주변보다 기압이 높으면 고기압이라고 합니다. 저기압도 마찬가지로 주변보다 상대적으로 기압이 낮으면 저기압입니다.

고기압 지대에서 무슨 일이 일어날지 같이 생각을 해봅시다. 주변보다 공기 압력이 높다는 것은 주변보다 기체 분자가 더 많이 몰려 있다는 뜻입니다. 그럼 기체 분자는 붐비는 곳 보다는 널널한 쪽으로 가려고 할 겁니다. 그래서 고기압에서 저기압으로 기체가 옮겨가죠. 고기압에서 저기압으로 바람이 붑니다.

이때 공기가 저기압 쪽으로 이동하면 원래 있던 자리가 비게 됩니다. 위에 있던 공기가 내려오겠죠. 왜냐고요? 공기는 위에서 내려오지 땅에서 솟아나진 않으니까요. 고기압 지역에 공기가 위에서 아래로 내려오는 것을 '하강 기류'라고 합니다. 위에 있던 공기가 하강하면 위에 있을 때보다 압축됩니다. 결과적으로 온도가 올라가죠. 공기가 건조해지고 안정됩니다. 이런 현상을 "날씨가 맑다"라고 합니다. 맑은 날씨도 과학인 것이죠.

저기압 지대는 어떨까요? 고기압에서 저기압으로 바람이 불어오니까 저기압에 기체 분자가 모여들겠죠. 이렇게 몰려온 기체 분자들이 땅으로 들어갈 순 없으니까 결국 위로 올라갑니다. 그래서 저기압 지대에서는 '상승 기류'가 발생하지요. 아래 있던 공기가 상승하면 부피가 팽창하면서 온도가 낮아집니다. 온도가 낮아지면 공기 중의 수증기가 물방울이 되는데 그게 우리가 보는 구름입니다. 구름이 만들어지면 비가 올 가능성도 높아지죠. 그래서 저기압 지대는 흐리고 비가 올 수 있는 겁니다. 그래서 '기분이 저기압이다'라는 말은 적절한 표현인 것이죠. '기분이 저기압일 땐 고기 앞으로 가라'는 말도 무슨 말인지 이제 아시겠지요?

공기의 흐름에 따라 바뀌는 것

고기압과 저기압은 공기의 흐름입니다. 고정되어 있는 게 아니라 때마다 바뀝니다. 우리나라 일기도를 보면 선이 많이 있죠. 기압이 같은 지점을 연결한 것을 '등압선'이라고 합니다. 기압의 단위가 헥토파스칼$_{hPa}$인데 1,000을 기준으로 4헥토파스칼마다 등압선을 긋습니다. 등압선의 폭이 좁은 건 비교적 좁은 범위에서 기압의 차이가 크다는 뜻입니다. 촘촘하게 그려진 쪽은 바람의 강도가 센 거죠.

아래 그림을 보면, 왼쪽에서는 러시아 쪽이 고기압이고(시베리아 고기압), 오른쪽은 일본이 있는 태평양 쪽이 고기압입니다(북태평양 고기압). 이렇듯 고기압과 저기압의 위치는 계속해서 바뀔 수 있습니다.

일기 예보를 보다 보면 "시베리아 고기압의 영향을 받아서"나 "시베리아 기단의 영향을 받아서"라는 말을 듣기도 하지요. 이런 말은 언제 자주 듣던가요? 바로 겨울입니다. 사실 왼쪽은 우리나라의 겨울철 일기도이고, 오른쪽은 여름철 일기도입니다. 시베리아 고기압에서 바람이 불어오는 겨울에는 차갑고 건조한 북서풍이 한파를 몰고 오죠. 북태평양 고기압에서 바람이 불어오는 여름엔 고온 다습한 바람때문에 후텁지근하고 열대야 현상이 나타납니다. 북태평양 고기압은 장마철 강수량과 태풍 경로에도 큰 영향을 줍니다.

◆ **시베리아 고기압과 북태평양 고기압**

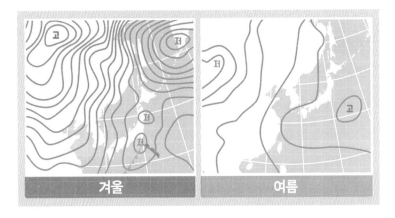

태풍이 점점
강력해지는 이유

태풍의 시작과 끝

날씨와 기후 이야기를 하면서 태풍 이야기를 안 하고 넘어갈 수는 없죠. 태풍은 우리가 자주 경험하는, 강력한 날씨 현상 중 하나입니다. 국제우주정거장에서 찍은 태풍 사진을 보면, 욕조에 물을 담아놨다가 마개를 뺐을 때처럼 마구 소용돌이 치는 형태로 보입니다. 가운데 구멍을 '태풍의 눈'이라고 부릅니다.

태풍은 간단하게 말하면, 공기의 소용돌이입니다. 풍속이 가장 빠른 안쪽의 속도가 초속 17미터 이상이면 태풍으로 분류됩니다. 그런데 오히려 한가운데 중심부는 뻥 뚫린 것처럼 바람도 없고 하늘도 맑으며 고요한 상태라는 게 신기하죠. 물론 태풍은 계속 이동하기 때문에 평화로운 상태가 한곳에서 오래 유지되지는 않습니다.

강한 비구름을 몰고 오는 현상만으로도 짐작이 되듯, 비가 오고 흐린 태풍의 정체는 바로 저기압입니다. 주로 열대 바다에서 시작되

죠. 태풍이 여름에 많이 생기는 이유도 바닷물이 다른 계절보다 더 뜨거워지기 때문입니다. 해수면 온도가 26도 이상 올라가면 대기가 불안정해지면서 따뜻한 수증기가 빠르게 위로 올라갑니다. 위로 올라간 수증기는 물방울이 되면서 열이 밖으로 빠져나오는데, 주변의 공기가 열을 받아서 온도가 올라갑니다. 공기 중으로 에너지가 공급되는 것이죠. 그러면서 상승 기류가 점점 더 발달합니다. 상승 기류도 한두 개가 아니어서 태풍 단면을 자른다고 치면, 아마 기둥이 여러 개 있는 것처럼 보일 겁니다. 태풍이 접근하면 한두 시간 간격으로 강한 소나기가 내렸다, 그쳤다 하는 것도 상승 기류 기둥이 차례차례 지나가기 때문입니다.

태풍이 생기는 과정을 알았으니 어떻게 사라지는지도 궁금하시겠죠? **태풍은 바다에서 올라오는 수증기로 동력을 얻는 구조이기 때문**

에 육지로 오면 서서히 힘을 잃습니다. 게다가 육지 지면의 마찰력도 있죠. 그런 게 더해져서 세력이 약해지다가 결국에는 사라집니다.

태풍에 이름을 붙이는 법

태풍의 명칭에 대해 한 가지 더 말씀드리면, '태풍'은 북태평양 서쪽에서 발생하는 열대 저기압을 가리키는 말입니다. 인도양에서 생긴 건 '사이클론'이라고 부르고, 북중미에서 발생한 건 '허리케인'이라고 하죠. 지역마다 명칭이 다르고, 태풍이 하나 생길 때마다 이름도 붙습니다. 태풍에 이름을 붙이는 이유는 여러 개의 태풍이 동시에 왔을 때 구분하기 위해서입니다. 1900년대 초반 호주에서 예보관으로 일하던 클레멘트 래기*Clement Wragge*가 평소 싫어하던 정치인이나 주변 사람 이름을 태풍에 붙인 게 시작이라고 합니다.

지금은 우리나라, 미국, 중국 등이 포함된 태풍위원회라는 조직이 있어서 태풍이 발생할 때마다 회원국에서 제출한 이름 중에 하나를 골라서 붙입니다. 우리나라는 최대한 피해 없이 순하게 지나가라는 의미에서 '개미'나 '노루' 같은 이름을 제출하고 있습니다. 어떤 나라에 커다란 아픔과 피해를 준 태풍은 그 이름을 퇴출하는 것이 관행이라고 합니다. 다시 그런 일이 없길 바라는 의미에서요.

태풍과 지구온난화

인명 피해 등 많은 재난을 일으키는 태풍은 지구온난화 때문에 최근 더 중요한 연구 주제가 되었습니다. 지구온난화로 인해 바다 온도가 올라가면, 따뜻한 바닷물과 대기 위쪽의 차가운 공기 사이에 온도 차가 커지면서 태풍의 에너지가 더 커집니다. 더 강력한 태풍 피해가 있을 수 있다는 얘기죠.

지구온난화라고 하면 더워지는 현상이니까 가뭄이나 산불 등이 쉽게 연상되지만, 태풍이나 폭우, 홍수도 심해질 수 있습니다. 재난 형태가 한쪽으로 쏠리는 게 아니라 양극화되는 것이죠. 그러니까 내가 누구한테 맞는데, 오른쪽만 두들겨 맞는 게 아니라 오른쪽 왼쪽 번갈아서 정신없게 얻어맞는 그런 느낌인 겁니다.

기후 위기가 생기면 도시가 쑥대밭이 되기도 합니다. 인적, 물적 피해가 늘어나고 이재민 수도 늘어납니다. 또 '기후 인플레이션'이라고 해서 농작물의 재배 환경이 바뀌기 때문에, 어떤 작물들은 심각하게 수확량이 줄어듭니다. 식료품을 돈 주고 사기가 무서울 정도로 물가가 높아지는 상황이 발생하는 거죠. 장마 때문에 상추 같은 채소 가격이 급등하는 것과 같은 원리입니다. 말라리아 같은 질병이 확산될 가능성도 늘어나고요. 정말이지 좋을 게 없습니다.

빙하가 녹으면
북극곰만 위험한 게 아니다

'빙하가 녹는다'는 의미

지구온난화 때문에 빙하 녹는다는 말을 들어보셨을 겁니다. 초등학생 환경 그리기 대회 같은 데서 아이들이 그린 그림을 보면 북극곰이 정말 많이 나옵니다. 잠시 북극곰 이야기를 해볼게요. 북극곰은 해빙을 타고 이동합니다. 북극곰이 타고 다니는 자동차 같은 거죠. 빙하가 녹으면 해빙이 사라져서 북극곰이 돌아다닐 수 있는 범위가 줄어듭니다. 물고기나 물범 등 사냥할 기회가 줄어들겠죠. 그렇게 배고파하다가 굶어 죽는 북극곰이 나오는 겁니다. 우리 아이들이 그릴 북극곰이 점점 줄어드는 거죠.

빙하가 녹으면 해수면이 높아져서 인류가 살 수 있는 땅도 줄어듭니다. 우리나라만 해도 1991년부터 2020년까지 매년 평균 3밀리미터 정도씩 해수면이 높아졌습니다. 30년 동안 9센티미터 넘게 해수면 높이가 상승한 겁니다.

사실 빙하가 녹는 게 위험한 이유는 빙하가 바닷물처럼 짠물이 얼어 있는 게 아니기 때문입니다. 빙하는 담수, 즉 맹물입니다. 그래서 빙하가 녹으면 바닷물 염분 농도가 낮아집니다. "바닷물이 지금보다 덜 짜겠네요"라고 농담할 일이 아닙니다. 빙하가 녹으면 바다 밀도도 낮아져서 해류의 흐름이 바뀔 수 있으니까요.

욕조를 예로 들어 설명해 볼게요. 욕조 오른쪽과 왼쪽에 각각 수도꼭지가 하나씩 있습니다. 오른쪽에선 뜨거운 물이 나오고 왼쪽에선 찬 물이 나옵니다. 그럼 우리는 손으로 휘휘 저어서 물 전체가 미지근해지게 만들어 목욕을 합니다. 만약 손으로 저어주지 않으면 어떻게 될까요? 오른쪽은 너무 뜨겁고 왼쪽은 너무 차가우니까 욕조 가운데 있는 물만 쓸 수밖에 없습니다. 목욕을 할 수 있는 범위가 가운데로 한정되겠죠. 이렇게 휘휘 저어주는 역할을 지구에선 누가 하느냐? 바로 짠 바닷물이 합니다.

적도 쪽은 뜨겁고 극지방은 차갑습니다. 극지방 바다의 염분 농도는 매우 높아서 다른 바닷물보다 무겁지요. 그렇게 극지방에서 침강한 해수는 전 세계 해양으로 퍼져나갑니다. 이러한 전 지구적인 해수 순환을 '심층 순환'이라고 부릅니다. 심층 순환은 매우 느리게 진행됩니다. 남극 저층수가 적도까지 이동하는 데 약 1,000년이 소요된다고 하니 대충 감이 오실 겁니다. 비록 진행 속도는 느리지만, 심층 순환은 지구의 열순환을 유지하는 데 중요한 역할을 합니다.

극지방에서 침강한 해수는 인도양과 태평양 근처에서 표면으로 올라와 극지방으로 돌아갑니다. 즉, 뜨거운 적도와 차가운 극지방을 연결하고 혼합하는 데에, 극지방의 염분 높은 해수가 중요한 역할을 한다는 것입니다.

그런데 빙하가 녹으면 극지방의 바닷물 염분 농도가 낮아지고 이에 따라 침강하는 힘도 약해집니다. 바닷물의 거대한 순환 구조가 깨지는 것이죠. 결론적으로 적도는 더 뜨거워지고, 극지방은 더 추워집니다. 각각 폭염과 한파가 오는 거죠. 양극화가 심해질수록 인류가 살 수 있는 범위도 줄어들 겁니다. 그럼 그 많은 사람들은 다 어떻게 되는 걸까요? 빙하가 녹는다는 것은 정말 무서운 일입니다.

2015 파리협정

최근 지구과학 교과서를 보면서 좋다고 생각했던 게 옛날엔 없던 기후 변화나 생태계 보전 관련된 내용이 많이 실린 부분이었습니다. 과학적인 내용, 예를 들면 자전 때문에 지구 밤낮이 바뀌고, 공전 때문에 계절이 바뀌는 사실도 굉장히 재미있죠. 지구 자전축이 23.5도로 기울어 있어서 여름과 겨울이 북반구와 남반구에 다르게 나타나거나, 지구가 태양을 공전할 때 사실은 태양이 완전히 한 가운데 있지 않다는 것도 흥미롭습니다. 하지만 기후 변화처럼 피부에 와닿고 삶에 중요한 과학 지식을 비중 있게 다루고 있다는 점이 저는 특히 좋았습니다. 그래서 그런 이야기에 좀 더 중점을 두고 말씀드리고 있고요. 지구온난화를 막으려면 과학적으로 어떤 일들을 해야 할지, 그런 것을 고민하는 게 진짜 중요한 과제가 아닌가 싶습니다.

전 세계가 이 부분에 공감대를 갖고 있다는 것도 다행스러운 일인데요, 이론만 가르치는 게 아니라 실천하고자 나선 것이 2015년 '파리협정' 체결입니다. 지구 평균기온 상승폭을 산업화 이전 대비 2도 낮은 수준으로 유지하기로 합의한 내용이죠. 그런데 태평양에 섬나라가 많잖아요. 이 섬나라와 같은 기후 변화 취약국들은 해수면 상승에 대해 직접적인 위협을 받고 있어, 2도라는 목표도 충분하지 않다고 항의했습니다. 그래서 최대한 1.5도 이하로 제한하도록 노력하자는 조항을 넣게 되었습니다.

온실가스 감축을 위한 우리의 노력

지구온난화가 심화되고 있는 상황에서 어떻게 하면 평균기온 상승폭을 적절하게 제어할 수 있을까요? 정답은 각국에서 온실가스를 열심히 줄이는 겁니다. 방법은 여러 가지가 있습니다. 석유나 석탄 같은 화석연료를 사용하는 것이 온실가스의 양을 늘리는 가장 큰 원인이니까 화석연료 사용을 줄이고 대체할 수 있는 새로운 에너지 자원을 개발하거나, 이미 생성된 탄소량을 줄일 수 있는 탄소 포집 기술로 공기 중에 배출된 이산화탄소를 땅이나 바닷속에 저장하는 방법도 있습니다. 그런데 그런 기술을 개인이 개발하거나 기후와 관련된 정책을 만들기는 어렵잖아요. 그럼 우리 한 사람 한 사람은 기후 위기를 막기 위해 무엇을 할 수 있을까요?

일상에서 실천할 수 있는 것은 차를 덜 타는 겁니다. 교통수단에서 배출되는 온실가스가 전체 배출량의 4분의 1에서 3분의 1 정도 되거든요. 가능하면 대중교통을 이용하고, 자전거를 타거나, 걸을 수 있으면 걷는 것도 좋죠. 전기차를 타시는 분들은 내연기관 차량보다 낫다는 생각도 하실 텐데요, 전기 발전도 화석연료에 의존하는 부분이 크기 때문에 발전 과정에서 나오는 온실가스도 많습니다. 되도록 대중교통을 이용하거나 하는 게 환경에도 좋습니다. 전기를 아껴 쓰고, 분리수거도 잘하는 것도 개인 차원에서 할 수 있는 노력이지요.

온실가스를 줄이는 아주 획기적인, 단번에 해결할 방법은 아직 없습니다. 그러니 조금 불편하고 힘들어도 할 수 있는 일을 꾸준히 실천하는 게 정답이죠. 과학만큼이나 환경에도 많은 관심을 기울여주셨으면 하는 마음으로 말씀드렸습니다.

이제 마지막 장입니다. 바로 제가 가장 사랑하는 '우주'에 관한 이야기입니다!

12

우주,
찰나의 인간이 영원의 우주를 보는 법

드디어 마지막 시간입니다. 책의 마지막 페이지를 제가 가장 사랑하는 우주에 대한 이야기를 할 수 있어서 가슴이 벅차고 더욱더 특별하게 다가옵니다. 우주. 인류의 영원한 수수께끼죠. 크기와 시간의 끝이 있는지도 알 수 없으며, 설령 끝이 있다 한들 가볼 수도 없습니다. 우주는 모든 것이 태어나고 존재하다가 사라지는 거대한 무대이지만, 그 비밀을 전혀 드러내지 않는 신비로운 공간입니다.

현재 우리가 아는 우주는 극히 일부에 불과합니다. 지금의 과학이 추측할 수 있는 건 우주의 5퍼센트 정도에 불과하다고 하죠. 나머지 95퍼센트는 우리가 전혀 모르는 암흑 물질과 암흑 에너지로 가득 차 있지요. 눈에 보이는 모든 것, 별, 은하, 행성조차도 우주의 아주 작은 조각일 뿐입니다. 이처럼 우주는 그 자체로 미지의 세계입니다. 이 거대한 시공간을 공부하다 보면 인간이라는 존재가 얼마나 작은

지를 깨닫게 되어 슬프기도 하고, 그 속에 일부가 되어 있다는 사실에 감격해 눈물이 나기도 합니다.

우주는 끊임없이 변화하고 있습니다. 과거 빅뱅으로 시작된 우주는 계속해서 팽창하고 있으며, 그 끝이 어디로 향하는지는 여전히 미스터리로 남아 있습니다. 서로 멀어져 가는 은하들의 움직임은 우주의 미래에 대한 수많은 질문을 던집니다. 우주는 시간과 공간이 시작된 곳이자, 그 시간과 공간의 끝을 향해 나아가는 영원한 여정의 현장이기도 하죠.

이번에는 그동안 과학자들이 미치도록 찾고 싶어 했던 우주의 실체를, 현재까지 밝혀진 과학적 발견들을 최대한 압축해서 전해드리려 합니다. 우주의 수수께끼를 모두 풀어주지는 못하겠지만, 우주라는 거대한 퍼즐의 조각 일부를 맞추는 과정이 될 것입니다. 무한한 우주 속에서 인간이라는 존재가 얼마나 작고도 특별한지를 마음껏 탐험해 보시죠.

아주 커다란 은하수,
압도적 아름다움

태양계와 은하

밤하늘에 떠 있는 은하수를 보신 적 있으신가요? 동양에선 '은빛 강이 흐르는 것 같다'라는 뜻으로 '은하수'라고 부르고, 서양에선 '헤라 여신의 젖이 흐르는 것 같다'라는 뜻으로 '밀키웨이*Milky way*'라고 합니다. 지구의 관점에서 보기 때문에 납작한 단면으로 보이는 것뿐, 은하수는 우리가 속해 있는 은하의 모습을 실제로 담고 있습니다. 그렇다면 은하는 도대체 뭘까요? 우주에는 은하도 있고 태양계도 있습니다. 뭐가 더 큰 개념일까요?

먼저 지구가 있습니다. 지구는 행성*Planet*입니다. 행성은 스스로 빛을 내는 항성*Star*과는 다릅니다. 항성은 스스로 빛을 내는 천체이고, 행성은 항성 주변을 공전하는 천체입니다. 그러니 엄밀하게 따지면 '지구별'이라는 말은 맞지 않습니다. 지구는 별이 아니니까요.

태양이라는 항성을 중심으로 수성, 금성, 지구, 화성, 목성, 토성,

천왕성, 해왕성, 8개의 행성이 돌고 있는 곳을 '태양계'라고 합니다. 그리고 태양계처럼 항성을 중심으로 행성이 공전하는 시스템을 '행성계'라고 부릅니다. 태양계의 지름은 2광년 정도라고 알려져 있습니다. 빛의 속도로 가도 끝에서 끝까지 2년이 걸린다는 얘기죠. 지구에서 태양까지의 거리가 빛의 속도로 8분이니까, 빛의 속도로 2년이 걸리는 태양계가 얼마나 클지 짐작하실 수 있겠죠? 발사한 지 한 50년 된 보이저 1호가 아직도 태양계 외곽에 있다고 하면 대충 느낌이 오실 거예요.

스스로 빛을 내는 항성은 행성계의 주인입니다. 우리 우주에는 태양 말고도 항성이 많이 있습니다. 그중에서 태양과 가장 가까운 항성은 '알파 센타우리'라는 별입니다. 정확하게는 알파 센타우리 A, 알파 센타우리 B, 그리고 프록시마 센타우리, 이렇게 3개의 별이 공전하고 있습니다. 「삼체」라는 드라마에 태양이 3개여서 괴로운 외계인들이 나오는데요, 그들의 태양들이 바로 세 개의 센타우리입니다. 태양으로부터 4광년 정도 떨어져 있습니다.

'은하'는 태양계보다 큰 개념입니다. 태양이나 센타우리 같은 항성들이 모여있는 곳을 말하죠. 우리 은하에는 항성이 몇 개 정도 있을까요? 30개? 200개? 1,000개? 놀랍게도 4천억 개나 됩니다. 스케일이 어마어마합니다.

스케일이 이렇게나 크다 보니까 우리 은하를 밖에서 볼 순 없는데요, 망원경이나 밤하늘의 은하수 같은 것으로 형태를 유추해 볼 수는 있습니다. 밤하늘의 은하수는 마치 기다란 띠처럼 보입니다. 우리 은하가 옆에서 보면 납작한 원반 형태거든요. 은하수도 은하의 옆모습이라서 길쭉하고 납작하게 보입니다. 위에서 보면 막대에 나선형 팔이 달린 것 같이 생겼죠. 가운데에 아주 커다란 블랙홀이 있어서 강한 중력으로 은하를 유지할 것이라고 추측하고 있습니다.

태양계 지름이 2광년 정도 된다고 말씀드렸는데요, 우리 은하 지름은 무려 10만 광년입니다. 10 아니고 10만이요! 빛의 속도로 10만 년이 걸린다는 뜻입니다. 우리가 살아 있는 동안 우리 은하계의 모습을 밖에서 보는 건 사실상 불가능할 것 같아요. 그럼에도 과학을 통해서 은하의 모양이나 크기를 알아냈다는 게 저는 지금도 무척이나 감격스럽습니다.

은하군, 은하단, 초은하단

은하만으로도 이렇게 큰데, 우주는 은하에서도 끝나지 않습니다. 이런 은하들이 몇십 개 모여서 '은하군'을 이룹니다. 태양계가 속한 국부은하군은 지름이 1,000만 광년 정도 됩니다. 국부은하군에서 좀 큰 은하가 우리 은하와 안드로메다 은하입니다. 안드로메다, 많이 들어보셨죠? 우리 은하보다 지름이 2배나 큰 은하입니다. 이름은 너무 친근한데 거리는 전혀 친근하지 않아요. 지구에서 250만 광년 정도 떨어진 곳에 있습니다. 비상식적인 사람을 비유할 때 개념이 안드로메다로 갔다고 하는데요, 안드로메다까지의 거리를 감안하면 그 정도로 개념이 없기도 참 힘든 일입니다.

또 은하가 수백 개 이상 모여 있는 '은하단'이라는 것도 있습니다. 은하단도 끝이 아닙니다. 은하단이 모여서 초은하단이 됩니다. 우리가 속한 '라니아케아 초은하단'은 지름이 5억 광년 정도 된다고 알려져 있습니다. 빛의 속도로 5억 년 걸리는 거리라니, 초현실적이죠.

이런 초현실적 크기의 초은하단이 천만 개 정도 모이면 우리가 볼 수 있는, 관측이 가능한 우주가 완성됩니다. '관측 가능'이라는 말은 우리한테 오는 빛으로 관측이 가능한 범위까지를 말합니다. 그 범위 밖에는 무엇이 있는지 모릅니다. 그리고 이 관측 가능한 우주의 지름은 무려, 930억 광년 정도입니다. 보통 우주의 나이를 138억 년 정도라고 합니다. 왜 관측 가능한 우주의 크기가 그것보다 훨씬 큰지는 조금 후에 말씀드릴게요.

제임스웹 우주망원경이 보내온 아름다운 우주

우주의 구조와 역사를 속성으로 말씀드리다 보니 정작 우주의 아름다움을 놓치고 있는 것 같네요. 잠시 우주의 경치를 보면서 음미하는 시간을 가져보겠습니다. 아래 사진은 2021년 발사된 제임스웹 우주망원경으로 우리 은하에 있는 '용골자리 성운'을 찍은 것입니다. 제임스웹은 1990년에 발사된 허블의 뒤를 잇는 우주망원경이죠. 사진이 너무 아름답지 않나요? 영화 속 CG 같습니다.

용골자리는 남반구에서 보이는 별자리입니다. 용골은 선박 아래쪽을 앞뒤로 가로지르는 배의 척추 같은 구조를 말하는데, 용골을 닮았다고 용골자리라는 이름이 붙었습니다. 성운은 우주 먼지 구름 같은 겁니다. 여기에서 별이 태어나기 때문에 '별들의 요람'이라고도 불리죠.

◆ 용골자리 성운(출처: Webb Space Telescope)

제임스웹은 여러 가지 면에서 뛰어난 성능을 가졌습니다. 적외선 촬영으로 먼지 뒤편도 선명하게 찍을 수 있어요. 또 지구로부터 150만 킬로미터 정도 거리에 있어서 우주를 관측하는 데 훨씬 더 유리합니다. 제임스웹이 있는 곳은 라그랑주 포인트 중에서 L2라는 곳인데요. 라그랑주 포인트는 태양과 지구 사이에 중력이 상쇄되는 지점이어서 탐사선이 가 있어도 안정적으로 관측하기 좋은 곳입니다.

아래 사진도 제임스웹이 찍은 사진입니다. 제목이 '스테판의 5중주'입니다. 19세기 말에 프랑스 천문학자 에두아르 스테판*Édouard Stephan*이 발견한 5개의 은하라서 '스테판의 5중주'라고 불립니다. 무려 1천 개의 이미지 파일, 1억 5천만 개 이상의 픽셀로 완성된 사진입니다. 지구로부터 3억 광년 정도 떨어져 있는 걸 감안하고 보시면 정말 감탄할 수밖에 없는 퀄리티입니다!

◆ 스테판의 5중주(출처: Webb Space Telescope)

우주에서 거리 재기

천문학의 역사는 거리 측정의 역사

그런데 우리는 도대체 어떻게 137.98억 년 전에 우주가 생겼고, 관측 가능한 우주의 크기가 930억 광년인 걸 알았을까요? 1광년이 9,460,730,472,580.8킬로미터입니다. 인류 중 그 누구도 1광년 이상 되는 거리를 가본 적이 없습니다. 그런데 우주의 거리는 어떻게 쟀을까요? 우주를 연구하는 천문학의 역사는, 한마디로 밤하늘에 떠 있는 별의 거리를 재온 역사라고 할 수 있습니다.

"저 별이 얼마나 멀리 있지?"

이 답을 찾으려고 노력하는 과정에서 점점 더 멀리 있는 별의 거리를 잴 수 있게 되었고, 결국 우주의 크기와 위계 구조까지 알게 된 것이죠. 그렇다면 구체적으로 별까지의 거리를 어떻게 쟀을까요? 이때 사용한 것이 '시차'입니다. 해외여행 갔을 때 해야 하는 '시차 적응' 할 때의 시차가 아니고, '시각 차이'를 뜻하는 시차입니다.

연주시차 이용하기

지구는 공전을 합니다. 지금 시점에서 대략 반년이 지나면 원래 있던 위치에서 가장 먼 지점에 지구가 가 있죠. 그 상태에서 별을 보면 6개월 전에 봤을 때와 위치가 달라져 있습니다. 지구가 A 지점에 있을 때는 별도 a 지점에 있는 것처럼 보이고, B 지점에 있을 때는 별도 b 지점에 있는 걸로 보이는 거죠. 지구와 태양의 거리가 1억 5천만 킬로미터 정도라는 건 이미 알고 있었기에, 이 시차가 망원경으로 드러나기만 하면 시차의 절반인 '연주시차'를 이용해서 삼각함수 계산을 할 수 있습니다. 이것으로 별까지의 거리를 측정한 것이죠. **연주시차와 별까지의 거리는 반비례하기 때문에, 연주시차가 크면 가까운 별이고, 연주시차가 작으면 먼 별입니다.** 수학적으로 거리도 계산할 수 있습니다.

◆ **시차와 연주시차**

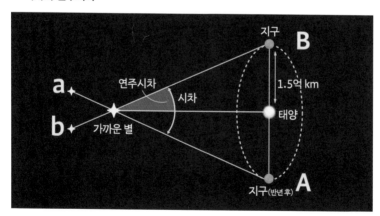

그런데 문제가 한 가지 있습니다. 별이 어느 정도 가까우면 연주시차로 거리를 재는 것이 확실한 측정법이 되지만 별이 너무 멀면 계산하기가 어려워집니다. 예를 들어 반년 차이로 그 별을 봐도 거리가 너무 멀면 위치가 크게 달라 보이지 않습니다. 연주시차로는 계산하기 힘들 만큼 똑같은 거예요. 지금처럼 우주망원경도 없었을 때는 그 한계가 더 명확했습니다.

별의 밝기 이용하기

연주시차로 계산하기 힘든 문제를 해결하기 위해 이용한 것이 별의 밝기입니다. 별이 가까우면 밝고, 멀면 어둡게 보이는 걸 활용한 것이죠. 그런데 이것도 해결해야 할 문제가 있습니다. 별의 밝기가 별마다 다 다른 거예요. 멀리 있어서 어두운 게 아니라 가까워도 어두운 별이 있고, 가까이 있어서 밝은 게 아니라 멀리 있어도 밝은 별이 있잖아요. 별의 밝기로 거리를 재려면 원래 밝기가 얼마인지 정확하게 알 수 있는 별들만이 기준이 될 수 있겠죠. 이것을 '표준 촛불'이나 '표준 광원'이라고 합니다. 그런데 기준이 되는 역할을 할 수 있는 절대적인 별이 과연 있을까요?

답은 '있다!'입니다. 이 답을 발견한 사람은 미국의 천문학자 헨리에타 리비트*Henrietta Leavitt*입니다. 그녀는 성악을 하고 싶었지만 병 때문에 청각을 잃으면서 성악을 포기했다고 합니다. 그리고 대학교

4학년 때 천문학을 접합니다. 하버드 대학에 갈 수도 있을 만큼 똑똑했지만, 19세기 말에는 여성이 하버드에 입학할 수가 없었어요. 당시에는 래드클리프 대학이 거의 유일한 여성 교육기관이었기 때문에 거기서 공부를 합니다. 그런데 하버드 천문대에서 별의 밝기를 계산하는 등 단순한 작업을 하는 여성들을 모집했어요. 변변한 월급도 없었고 '계산원', '컴퓨터' 이렇게 불렸습니다. 리비트도 단순 계산을 하는 사람들 중의 한 명이었죠. 그런데 일을 아주 탁월하게 잘했습니다. 리비트는 무수히 많은 별의 밝기를 계산하다가 '세페이드'라는 별자리에서 밝기가 변하는 별을 발견합니다. 그것이 바로 세페이드 변광성입니다.

태양보다 질량이 큰 항성은 나이가 들면 팽창했다 수축했다 하면서 밝아졌다 어두워졌다 하는 단계를 거칩니다. 밝기가 변해서 '변광성'이라고 하는데 어떤 변광성은 그 주기가 50일이고, 어떤 건 2일으로 차이가 났습니다. 리비트는 변광성의 주기와 밝기의 관계를 연구하다가 주기가 같은 변광성은 실제 밝기가 같다는 걸 알게 됩니다. **주기가 짧은 별들은 더 어두운 별이고, 긴 별들은 더 밝다는 걸 알게 된 것이죠. 이런 변광성이 은하마다 있기 때문에 밝기를 가지고 거리를 측정할 수가 있는 겁니다.**

에드윈 허블*Edwin Hubble*이 안드로메다가 우리 은하가 아닌 외부 은하라는 걸 증명한 것도 리비트 덕분입니다. 허블은 리비트를 존경했기 때문에 그녀가 노벨상을 받을 자격이 있다는 말을 자주 했다고 하네요. 실제로는 리비트도 허블도 일찍 세상을 떠나는 바람에 노벨상을 받지는 못했습니다. 노벨상은 살아 있는 사람한테만 수여하니까요.

1a형 초신성

리비트가 발견한 세페이드 변광성처럼 표준 촛불이 될 수 있는 게 하나 더 있습니다. '1a형 초신성'입니다. 초신성 폭발은 늙은 별이 죽을 때 폭발하면서 마치 새로운 별이 태어나는 것처럼 빛과 에너지가 뿜어져 나오는 것이라고 했습니다. 보통 질량이 태양보다 서너 배는 큰 항성이 죽을 때 이런 일이 생깁니다. 그보다 질량이 작은 항성은 초신성 폭발을 하지 않고 천천히 밝기가 줄어들다가 '백색왜성'이라는 차가운 하얀 전구 같은 상태, 일종의 별의 시체 같은 상태로 변해요. 그런데 공교롭게도 백색왜성의 중력 때문에 가까이에 있던 다른 별의 질량이 백색왜성에 흡수되는 일이 벌어집니다. 그렇게 백색왜성이 초신성 폭발을 할 수 있는 질량까지 도달하는 것이죠. 정확히는 태양 질량의 1.44배 정도 될 때 폭발합니다.

이것을 인도의 천문학자 수브라마니안 찬드라세카르*Subrahmanyan Chandrasekhar*이 발견했기에 '찬드라세카르 한계'라고 부릅니다. **백색왜성이 초신성 폭발을 할 때, 즉1a형 초신성일 때는 밝기가 항상 일정합니다.** 그래서 1a형 초신성도 표준 촛불의 역할을 할 수 있는 것이죠.

초신성 폭발은 그 은하에 있는 모든 항성을 합친 것보다 밝기 때문에 아주 멀리 있어도 관측할 수 있다는 장점이 있습니다. 은하 하나에서 보통 100년에 한 번씩 이런 1a형 초신성이 나타난다고 하는데요. 우리는 은하를 여러 개를 관측하기 때문에 생각보다 자주 목격할 수 있습니다.

멀리, 조금 더 멀리

표준 촛불, 표준 광원으로 거리를 재는 방식이 현재 가장 많이 이용되는 방법입니다. 연주시차의 경우 수학적으로 계산하는 방법이라서 요즘처럼 관측 정밀도가 높을 때는 정확한 측정이 가능합니다. 하지만 멀리 있는 별의 거리까지 재기는 어렵죠. 그래서 세페이드 변광성이나 1a형 초신성, 또 빛의 파장 길이 같은 다른 측정 방식을 교차 적용하면서 별의 거리를 점점 확장해 가며 재고 있습니다. 사다리를 한 단계 오르고 또 한 단계 오르듯이, 하나를 토대로 조금씩 더 멀리 측정하는 이런 방식을 '우주 거리 사다리*Cosmic distance ladder*'라고 부른다는 점도 팁으로 알려드립니다.

빵! 터지면서 태어나 팽창 중인 우주

우주는 끝없이 팽창하고 있다

안드로메다 은하가 외부 은하라는 것을 밝힌 사람은 에드윈 허블입니다. 이것만으로도 큰 업적이지만, 허블의 가장 큰 업적은 따로 있습니다. 가까이 있는 은하보다 멀리 있는 은하가 더 빨리 멀어진다는 걸 빛의 파장을 통해 과학적으로 입증해 냈거든요. 허블의 발견 덕분에 우주의 공간이 점점 팽창한다는 '우주 팽창론'이 과학계의 정론이 됐습니다. 우주는 무한하고 정적인 상태를 유지한다는 '정적 우주론'을 내놨던 아인슈타인도 허블의 관측 결과를 보고 자신의 실수를 인정했다고 하죠.

"우주가 팽창한다면, 역으로 시계를 돌렸을 때, 무에 가까운 한 점에서 시작한 게 아닐까?"

이것이 빅뱅 이론의 시작입니다. 빅뱅에서 중요한 건 은하가 움직여서 서로 멀어지는 게 아니라, 은하가 있는 우주 공간 자체가 팽창한다는 겁니다. 빅뱅 이론이라는 이름은, 빅뱅 이론을 반대하던 영국의 천문학자 프레드 호일Fred Hoyle이 본의 아니게 지어준 겁니다. 호일이 BBC 라디오에 출연해서 "우주가 빵 터지면서Big bang 태어났다는 거냐"라고 비아냥거린 데서 나온 말이죠. 호일은 우주가 초고온 초밀도에서 시작됐다가 팽창하면서 밀도와 온도가 줄어드는 게 아니라, 우주가 팽창해도 밀도와 온도는 일정하다고 주장했습니다. 이 것을 '정상우주론'이라고 합니다.

정상우주론은 앞뒤가 맞지 않는 면이 있었는데, 미국의 과학자 아노 펜지어스Arno Penzias와 로버트 윌슨Robert Wilson이 반박하는 근거를 발견하면서 완전히 사장됩니다. 펜지어스와 윌슨은 전화기를 만드는 미국의 벨 연구소에 같이 근무하고 있었는데요, 전파망원경으로 연구를 하다가 아무리 해도 없앨 수 없는 이상한 잡음을 감지합니다. 그 잡음의 정체는 바로 '우주배경복사'였습니다. 우주 공간의 배경에 퍼져 있는 전파를 말하죠.

우주가 태어난 지 얼마 안 돼서 빛이 사방으로 퍼져나갔는데, 이 빛이 우주가 팽창하면서 덩달아 파장이 길어져 전파의 형태가 된 겁니다. 이 잡음 덕분에 펜지어스와 윌슨은 노벨물리학상을 받았습니다. 예전 아날로그 텔레비전 시절, 방송이 안 나올 때 전원을 켜면 지지직 하는 화면이 나왔던 거 혹시 기억나시나요? 누군가 송출한 게 아니니 검은 배경이 아닌, 어떤 화면이 나올 이유가 전혀 없잖아요. 이것도 텔레비전 안테나가 우주 전체에 퍼져 있는 우주배경복사 전파를 포착한 것이라고 과학자들은 해석합니다.

그리고 인공위성으로 우주배경복사 지도를 만들어서, 우주 전체의 평균 온도가 약 3캘빈 정도 된다는 데이터를 얻었습니다. 우리가 쓰는 섭씨 기준으로 하면 영하 270도 정도 됩니다. 우주가 작았을 때는 더 뜨거웠겠지만 팽창하면서 점점 차갑게 식은 거죠. 그래서 빅뱅 당시의 온도와 지금 온도로 수학 계산을 해서 우주 나이가 137.98억 년 정도 됐다는 결론을 내린 겁니다.

우주 나이가 137.98억 년이면 우리가 볼 수 있는 우주도 137.98억 광년이 최대여야 할 것 같은데, 앞에서 관측 가능한 우주의 크기가 지름이 930억 광년 정도 된다고 말씀드렸잖아요? 반지름으로 따지면 465억 광년 정도 되는데, 왜 우주의 나이보다 클까요?

현재까지 과학자들이 합의한 결론에 따르면 우주가 '가속 팽창'을 하고 있기 때문이라고 합니다. 미국의 천체물리학자 애덤 리스Adam Riess, 천문학자 솔 펄머터Saul Perlmutter, 호주의 천체물리학자 브라이언 슈밋Brian Schmidt은 우주가 그냥 팽창하는 게 아니라 가속 팽창을 한다는 이론으로 2011년에 노벨물리학상을 탔죠.

암흑 에너지와 암흑 물질

과학자들도 우주가 왜 가속 팽창을 하는지 정확히는 모릅니다. 이유를 물어보면 암흑 에너지 때문이라고 하죠. 에너지가 없으면 우주가 가속 팽창할 이유가 없거든요. 그래서 우주를 가속 팽창시키는 미지의 에너지를 '암흑 에너지'라고 부르기로 한 겁니다.

반면, 암흑 에너지와는 다른 '암흑 물질'이 존재합니다. 암흑 물질은 우리 눈에 보이지 않지만 질량을 가진 물질을 의미합니다. 우리는 빛, 즉 전자기파를 이용해 우주를 관찰합니다. 그러다 과학자들이 별과 은하의 움직임을 연구하던 중 놀라운 사실을 발견했습니다. (빛으로 관측할 수 있는) 천체들이 만들어 내는 중력보다 더 큰 중력이 어딘가에서 작용하고 있다는 것이었죠. 이는 우리가 빛으로 볼 수 있는 것보다 훨씬 더 많은 물질이 우주에 존재한다는 것을 의미합니다. 이렇게 주변에 중력으로 영향을 미치지만, 관측되지 않는 미지의 물질을 '암흑 물질'이라고 부릅니다. 즉, 여기서 말하는 암흑은 실제로 검다는 의미가 아니라, '관측되지 않는다'는 뜻으로 사용된 것입니다.

정리하자면 암흑 물질은 중력을 발생시켜 천체들을 끌어당기고 우주의 팽창을 더디게 만듭니다. 반면, 암흑 에너지는 우주의 팽창을 가속시키는 에너지로 작용합니다. 두 가지를 합쳐서 '암흑 물질'이라고 부르기도 하지만, 구분하는 게 조금 더 정확하다는 것도 알아두셨으면 좋겠습니다.

돌 하나씩 놓으며 큰 강물을 건너듯

우주에 우리가 아는 물질이 5퍼센트, 암흑 물질이 25퍼센트, 암흑 에너지가 70퍼센트일 거라고 합니다. 여전히 많은 부분이 베일에 싸여 있죠. 우리가 모르는 95퍼센트의 우주는 어떤 모습일지, 관측 가능한 우주 너머엔 무엇이 있을지 모릅니다. 여전히, 어쩌면 영원히, 갈 길은 멀고 할 일은 많은 듯하네요. 엄청나게 큰 강물을 건너야 하는데, 다리가 없습니다. 얼마나 큰 강물인지 가늠조차 되지 않습니다. 그래도 강을 건너기 위해 한 사람이 돌 하나를 놓고, 그다음 사람이 돌 하나를 놓습니다. 이렇게 돌을 하나씩 놓고 있는 게 지금 우리의 모습입니다. 그런 것을 기쁘게, 기꺼이 하게 하는 것이 과학의 힘이겠죠.

지금까지 물리학, 화학, 생명과학, 지구과학 이야기를 나눠봤습니다. 원자나 전자 같이 아주아주 작은 것부터 우주처럼 아주아주 거대한 것까지, 과학이 없는 곳은 세상에 없다는 것! 이제 확실히 아시겠죠?

과학과 더 친해지는 시간이 되셨길 간절히 바라며, 다음에는 더 재밌는 이야기로 여러분을 찾아오겠습니다.

나의 두 번째 교과서

✕

궤도의 다시 만난 과학

초판 1쇄 발행 2024년 11월 27일
초판 2쇄 발행 2024년 12월 4일

기획 EBS 제작팀
지은이 궤도, 송영조
펴낸이 김선준, 김동환

편집이사 서선행
책임편집 최구영 **편집3팀** 최한솔, 오시정 **구성** 인현진
디자인 김예은
마케팅팀 권두리, 이진규, 신동빈
홍보팀 조아란, 장태수, 이은정, 권희, 유준상, 박미정, 이건희, 박지훈
경영관리 송현주, 권송이, 정수연

펴낸곳 페이지2북스
출판등록 2019년 4월 25일 제2019-000129호
주소 서울시 영등포구 여의대로 108 파크원타워1 28층
전화 070)4203-7755 **팩스** 070)4170-4865
이메일 page2books@naver.com
종이 ㈜월드페이퍼 **출력·인쇄·후가공** 더블비 **제본** 책공감

ⓒ EBS, All rights reserved, 2024. 기획 EBS

ISBN 979-11-6985-112-1 (03400)